KB261840

쿠, 바로 간다

쿠, 바로 간다

초판 1쇄 발행 2012년 7월 27일

글·사진 김혜식
사진 Anne Kim

펴낸이 김선기
펴낸곳 (주)푸른길
출판등록 1996년 4월 12일 제16-1292호
주소 (137-060) 서울시 서초구 방배동 우진빌딩 3층
전화 02-523-2907
팩스 02-523-2951
이메일 pur456@kornet.net
홈페이지 www.purungil.co.kr

ISBN 978-89-6291-202-9 03980

*책값은 뒤표지에 있습니다.
*이 도서의 국립중앙도서관 출판시도서목록(CIP)은 e-CIP홈페이지 http://www.nl.go.kr/ecip와 국가자료공동목록시스템에서 이용하실 수 있습니다. 제어번호: CIP2012003243

그림 같은 일상에 카메라 들이대기

쿡, 바로 간다

김혜식 글·사진 | Anne Kim 사진

푸른길

Prologue

이번에는 쿠바다. 많은 사람들이 쿠바를 동경한다. 언젠가는 꼭 가보고 싶은 나라라고 마음속에 담아 둔다. 우리도 다르지 않았다. 무엇이 그토록 쿠바에 열광하게 했을까.

우리를 쿠바에 가게 한 직접적인 동기는 체 게바라를 다룬 『모터싸이클 다이어리』와 『CHE』라는 영화가 보여 준 혁명이라는 낭만적인 단어 때문이다. 함께 영화를 보고 우리는 체 게바라에 빠졌다. 그리고 쿠바를 섭렵하기 시작했다. 『소이 쿠바』, 『저개발의 기억』, 『부에나 비스타 소셜 클럽』, 아그네스 바르다의 『안녕 쿠바』, 우리나라 송일곤 감독이 만든 『시간의 춤』까지, 체 게바라에서 영화로, 다시 음악으로, 또 쿠바 미술로, 쿠바에 관련된 것은 모든 것을 관심사에 넣었다.

보름쯤 일정을 잡고 떠났다. 코스타리카에 선교사로 나가 있는 후배에게 연락을 하고 쿠바에서 만나 도움을 받았다. 영화를 통해서 보고, 음악을 통해서 보고, 예술가를 통해서 보았다. 한인의 후손을 만났다. 그리고 쿠바가 어떻게 혁명하는지를 보았다. 바람처럼 자유롭게 떠난 여행이 아니라, 쿠바가 왜 쿠바인지를 알게 하는 매우 빠듯한 일정이었다.

덕분에 눈으로만 보는 것에서 벗어나 짧지만 쿠바에 좀 더 깊이 있게 다가갈 수 있었다.

최인호는 『나는 바람처럼 자유롭다』에서 여행을 할 때 친구와 카메라를 챙기지 않는 것이 좋다고 말한다. 참으로 제대로 여행할 줄 아는 사람이라고 생각한다. 바람처럼 자유를 꿈꾸는 여행가에게 친구나 카메라는 무거운 짐이다. 여행가에게 딱 맞는 말이다.

7, 8년 전쯤 터키에서 여행가 '쫑이'를 만나 불가리아까지 동행했던 적이 있다. 그 친구야말로 카메라 없이 다니는 진정한 여행가였다. 쫑이가 칠레를 여행할 때 가지고 있던 카메라는 작은 콤팩트 카메라였다. 그런데도 표적이 되었는지 모두 털렸다고 했다. 그 이후 훌훌, 담아 온다고 하기보다 버리고 온다고 했다. '나'를 거기에 두고 온다는 것이다. 그래서 세계 어느 곳이든 내가 있다고 믿는 그런 친구였다. 그녀에게 칠레는 카메라를 잃어버린 흥미로운 추억을 만들어 준 나라다. 진정한 여행가에게 어울리는 추억일지도 모르겠다.

그러나 우리는 함께 여행을 하며 사진을 즐기는 자매이다. 여행을 하기 전 무엇을 볼 것인지, 그리고 어떤 콘셉트로 사진의 방향을 정할지 충분한 이야기를 나누는 편이다. 그렇다고 우리가 대단한 사진가도 아니다. 단지 과정을 즐기고 결과를 즐길 뿐이다. 하여 여행할 나라의 영화를 함께 보고 함께 음악을 듣는다. 여행을 하기 전에 이미 우리는 여행을 시작했다고 볼 수 있다. 더 많이 보고, 더 많이 즐기기 위해서라기보다 사진의 방향을 잡기 위해서다. 그런 측면에서 우리는 죽이 잘 맞는 파트너다. 우리의 여행을 영화로 말하면, 로드 무비나 버디 무비쯤이라고 해 둘까?

때로는 같이 공감하고, 때로는 서로 다른 작업을 위해 몰입한다. 쌍둥이도 아니면서 생각이 너무 닮아 신기하고, 한 배 속에서 나온 자매가 취향이 너무 다른 것을 신기해하면서. 그러니까 우리에게 카메라는 없어서는 안 되는 동반자다. 우리는 모든 일정을 사진으로 일관한다. 아니나 다를까, 일찌감치 발가락에 물집에 잡혔다.

다행히 쿠바는 아직까지 혁명 중이고, 사진으로 담기에 적당히 바랜 혁명의 풍경을 지니고 있었다. 그리하여 사진과 노는 동안 혁명에 물들기를 바라면서 찍고 또 찍었다. 그렇게 잠시, 아주 잠시 사진을 빌미삼아 그들의 가까이에 서 있다가 돌아왔다. 그러나 우리가 아무리 가까이 다가간다 해도 여행자의 시선일 뿐이다.

혁명을 꿈꾼다 한들 나무라지 않고 응원해 주는 가족에게 감사한다.

차례

Prologue 4

1. 소이 쿠바 13

2. 혁명의 이름으로 65

혁명도 오래되면 늙는다.

그러나

쿠바의 혁명은 언제나 변화를 꿈꾸는 신념이다.

아직도 체 게바라를 우상처럼 걸어 놓고 산다는 건

아직 혁명이 끝나지 않았다는 얘기다.

나의 혁명은 무엇일까?

여행은 그 해답을 찾으러 떠나는 것이다.

1. 소이 쿠바

사랑니 하나를 다시 심어야겠어,

세균도처럼

이왕 여행을 떠나려면
이른 새벽에 서두르는 것이 좋겠어.
아무도 일어나지 않은 아침,
메모 한 장 남기고 떠나 버리는
간단명료한 이별처럼
아무 말도 남기지 않는 것이 좋겠어.

언제 돌아온다거나
기다리라거나 하는 상투적인 인사는
남기지 않았으면 해.

그 많았던 헤어짐과
그 많은 해후,
지독하던 쓸쓸함.
왜 이별은 아침과 어울리는지,

여행은 한 편의 드라마 같거든.
마치 영화 같거든,
그렇게 떠나 보기로 해.

첫 인연

나의 쿠바 여행은 대략 이렇게 시작한다.
나의 가방 하나와 두 개의 그녀 가방으로.
환전하느라 기다리는 동안
호세마르티 공항에서 첫 번째로 만난 여행객.
아름다운 여자가 혁명을 하면
혁명이 아름다워질까?

뜨거운 땅

붉은 땅,
이 땅이 붉은 이유를 알겠다.
이곳에 체 게바라가 있다.

우리 한인들은 멕시코를 거쳐 쿠바로,
체 게바라는 아르헨티나에서 쿠바로.
혁명을 꿈꾸는 자들이 발을 디딘 곳,
또한 내가 내린 곳.

혁명을 꿈꾸는 자는 모두
가슴 설레며 쿠바로 모여든다.
가슴이 뜨거워질 때까지 쿠바로 산다.

CUBA
HFF 773

애마 올드카

애마 올드카는 쿠바를 상징하는 아이콘이다.
누구나 쿠바를 가면 이러한 올드카에 열광하게 된다.
50년에서 70년은 족히 된 차들이다.
그런데 굴러 가냐고? 잘 간다, 자랑스럽게.
그러다 보니 매연은 조금 심한 편이다.
그러나 그들은 차 한 대로 당당하다.
카메라를 들이대면 뿌듯해안나

오죽하면 애마일까.
그러다 보니 교통사고는 없는 편이다.
내 애마가 다치면 큰일이니까.
쿠바가 다치면 큰일이니까.

ODL 683
ODL 683
IER844
HFC338
HES023
SDG108
SDE696
HED599

HABANA
CUBA
BDE·001

나는 쿠바다

허름한 세련됨이 극치를 이룬다.
그것이 쿠바다.
여행 전에『소이 쿠바』라는 영화를 보았는데
해석을 하자면 I'm Cuba.
모든 대상들이 '나는 쿠바다'라고 말하고 있다.

올드카는 허름해도 당당하나.
당당할 만하다.
함께 정들어 가고 함께 늙는다는 것,
사회주의가 남긴 문화유산이지만
가진 것이 없기 때문에 오히려 유복할지도 모른다.
오래된 정들을 닦으며 산다.
그래서 그들의 시간은 반들반들 윤이 난다.

춤추는 일상

대략, 올드 아바나에서는 닷새쯤 머물렀다.

나머지 일정은 다른 지역을 돌았다.

그러니까 구석구석 길을 익힐 때쯤 떠나왔다고 보면 된다.

또 만났다고 인사하고, 커피 마시고 가라고 붙잡고,

손가락 세 개 펴 보이며 3일 후에 다시 돌아온다니까

다시 온다고 약속하라는 사람들.

치노Chino냐고, 아니 코레아노Coreano라고.

그렇담 야구를 아느냐고,

뭐라도 공통점을 찾는 사람들.

일반 여행객들이 쿠바의 겉모습을 훑어보는 편이라면

우리는 그들의 생활 깊숙이 들어가 보았다.

함께 카사(민박집)를 나섰던 동생을 잃어버렸다면 그녀는

어느 집쯤, 생일 파티를 벌이고 있는 집에 들어가

함께 춤을 추고 있다고 보면 되겠다.

나는 어쩌면 그 옆집쯤에서 스파게티를 얻어먹고 있는 중이었거나.

안이는 그러한 사람들의 생활을 보며 안쓰럽다고 말했다.

나는 행복해 보인다고 말했다.

무엇이 엇갈린 시선을 갖게 했을까?

이유는 그들이 너무 많은 골목을 가지고 있기 때문이다.

골목 안에서 본 삶의 시선과 골목 밖에서 본 삶의 시선의 갈림길.

골목 안에서 보면 행복하고

골목을 떠나와서 기억하면 분명 안쓰럽다.

사회주의는 결국 폐쇄적일 때만 행복하다.

24 HOR
M

풍경으로 본 풍경

멀리서 보면 어디까지가 삶이고
어디까지가 풍경인지 모른다.

가까이 다가가 앉으면
나도 풍경이 되어 버리고 마는 길모퉁이 카페.

올라! 하면서 풍경 속으로 들어갔다가
그라시아스! 하면서 풍경을 빠져나온다.

스페인어라고는
올라(인사)와 그라시아스(감사합니다)
겨우 단 두 마디로 보름을 버티고 왔다.

한 평생
두 마디면 끝난다는 것을
진작 알았더라면.

담배 집단농장의 풍경

그림 같은 집을 짓고
사철 푸르른 농사를 지을 수 있다면
귀농을 꿈꿔 볼 만하겠다.

그런 소유의 욕망까지
한 폭의 파릇한 그림 같다.

한가한 날,
커다란 하얀 벽에는
해바라기밭을 그려야지.
지나가는 사람 잘 보이도록
아주 큰 시계도 걸어놔야지.

온종일 음악 크게 틀어 놓고
밭일을 한다 한들 누가 뭐라 하겠나.
담뱃잎들 쑥쑥 잘 자라겠다.

아르테미사로 가는 길,
달리다가 툭툭, 던져 놓은 듯한 닮은꼴들의 집.
집단농장이 보여 주는 이국적인 풍경이
가슴이 싸하도록 아름답다.

ÁREA DE
PRODUCTOS NORMADOS

빵은 빵이다

빵이 빵이다.

상점에 들어가 '빵 좀 사 갈까' 했는데

주인이 빵을 내놓는다.

신통하기도 해라.

며칠 지나니 '슬슬 눈치로 통하기도 하는구나' 싶어졌다.

알고 본 즉, 여기서도 빵이 빵이란다.

빵이 빵인 이유는 빵pan에 있다.

우리가 지금까지 우리말로 알고 있던 빵이란 단어가

수입품이었던 것이다.

포르투갈에서 들어왔다는 빵이란 말은 일본을 통해

들어온 듯하다.

パン(빵, 팡)이다. 이 말은,

스페인어 pan의 빵.

포르투갈어로는 pâo(빵),

이탈리아어로는 pane(빠네)

프랑스어로는 pain(뺑),

발음이 많이 닮아 다행이다.

적어도 이 나라에서는

빵 발음을 못해 굶는 일은 없을 테니까.

가장 자신 있게 하던 말, 빵 주세요.

쿠바의 매력

구경 좀 해도 되겠냐고,
사진 한 장 찍어도 되겠냐고,
표정 없이 끄덕이는 아저씨를 향해
저울 옆의 그림을 가리켰다.

비스듬히 누운 나부의 유화,
양파 다듬는 손길을 흘끔거리며
번갈아 보는데
이 그림은 이 장소에 '딱이다' 싶다.

두 가슴은 깐 양파 하나씩 얹고
풀어헤친 머리는
양파를 다듬고 버려진
마른 양파잎을 뒤집어쓰고 있는 듯했다.

아, 가슴팍의 뽀얀 양파는 탱글거리며 신선하다.
천박할 것 같은 나부의 포즈,
지금, 아저씨를 유혹하는 중이다.

그림을 읽는 데는 장소에 따라 해석이 다르듯이
아무 데서나 예술이 읽혀지는 이 나라의
매력은 이런 것이다.

아무렇게나 쌓아 놓은 양파 박스조차
색이 어울리는 이 나라,
미치겠다. 쿠바.

가장 사회주의적 풍경

‘일용할 양식을 주옵시고’ 기도 중에
‘일용할 양식’이란 단어를
나라가 책임지는 나라.

‘무엇을 입을까, 무엇을 먹을까 걱정하지 말라’는
성경 구절의, 아마도 하나님이 쿠바에 다녀가셨나 보다.

쿠바의 화폐는 페소다.
페소에는 CUC와 CUP라는 이중 화폐 제도가 있는데
주로 농산품을 사는 데는 CUP가 통용된다.
CUP는 현지 내국인이 주로 통용하며
몇 십 원이면 해결될 만큼 저렴하다.
아침이면 오늘 먹을 만큼의 배당된 먹을거리를
사러 모여든다. 그러나 너무 싸서 걱정이다.
싸다고 좋은 게 아니라, 쌀수록 겁이 난다고나 할까?
‘딱, 이 만큼이면 먹고 살 수 있지?’ 하고
묻고 있는 것 같은 사회주의적 풍경.

엄마가 있던 자리

나와 가장 오랜 시간을 같이한 것들,
나를 묵묵히 지켜 준 것들,
단 한 번도 혁명을 꿈꾸지 않은 것들,
지치지 않는 오래된 순응.
계산되지 않은 가장 진정한 혁명,

아무 반란 없이 승리하는
꽃 피우는 법에 대하여.

HABANA
1791
AROMAS COLONIALES
de la ISLA de CVBA
MANO
CADERES
OBRAPIA
BARILLA

아로마 향이 담긴 도자기

'HABANA'
우리가 발음하는 '하바나'.
여기에 오니 '아바나'라고 발음한다.
묵음이 되어 자연스럽게 숨어 버린 'H',
발음해서는 안 되는
지켜야 할 특별한 약속이라도 있는 듯하다.

독립을 외치던
'OLD HABANA' 의 1791년,
스페인의 가장 충성스런 식민지 쿠바.

오죽하면 스페인은 쿠바를
'가장 충성스런 섬'으로 명명했을까.

용도를 알 수 없는 도자기에 적힌 글씨.
'AROMAS COLONIALES'
설마 아로마 향의 식민지라는 말은 아니겠지?

이 글씨에서 묵음에 대해서 생각한다.
발설해서는 안 되는 것들.

묶음이 되어 버린 역사처럼 슬프지만
'HABANA' 사람들은
아로마 향으로 그 시간을 기억할까?

곡선은 비장하다.
꼭 째이는 바지 속에 숨겨진 그들의 힙 라인처럼
도자기의 곡선은 도전적이다.

하루에 빵 다섯 개만 줄게

배급제라고 하여 무료로 배급해 주는 것이 아니다.

CUP로 아주 저렴하게 살 수 있는 유료 배급제이다.

하루에 빵 두 개, 계란 다섯 개 정도

쌀이나 콩, 커피 등은

매일 일정량을 수첩에 적고 살 수 있다.

물론 넉넉하냐고 물으면 단연 'NO'다.

나머지는 좀 더 비싼 가격에 자율시장에서 살 수 있다.

그래도 저렴한 편인지 민박집에서

매일 아침, 빵과 계란 후라이는 넉넉히 얻어먹었다.

서로 이웃

이들의 가옥 구조를 보면 중정형으로
대문을 이웃해서 산다.
블로그나 페이스북으로 본다면 '서로 이웃'이다.
겉으로 보면 참으로 아름다운 풍경이다.
그래도 알록달록한 빨래는 가끔씩 슬프다.
속옷조차 함께 걸리는 '공동경비구역'
가끔 속옷은 비밀을 갖고 싶거든.

이들의 가옥 구조를 보면 중정형으로
대문을 이웃해서 산다.
블로그나 페이스북으로 본다면 '서로 이웃'이다.
겉으로 보면 참으로 아름다운 풍경이다.
그래도 알록달록한 빨래는 가끔씩 슬프다.

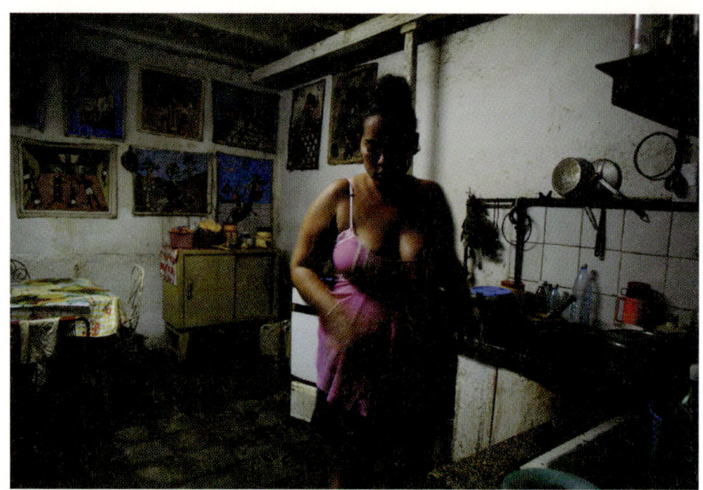

허락된 공간

가장 깊숙한 자신의 공간도 서슴치 않고 공개한다.

거리낌 없이 손님으로 맞이해 주는 쿠바노.

상대방에게 경계심이 없다.

아니, 경계심을 가져서는 안 된다.

이 나라에서는

언제 어느 때라도, 누구라도

집 안을 보고 싶다고 하면 집 안에 들인다.

제도에 길들여진 탓일 게다.

아니면 갇힌 나라에 살다 보니

조금은 심심한 건지도 모른다.

냉장고가 있는 풍경

주로 '카사'에서나 흔히 볼 수 있는,
민박집의 레벨을 말해 주는 '냉장고가 있는 풍경'
관광객에게 보여 주는 민박 가정 환경조사서의 척도,
냉장고의 자존심이 곧 주인의 자존심이다.

그것은 삶의 레벨이 아니라, 전적으로 개인의 취향이어야 한다.

행복에는 레벨이 없으므로.

행복의 기준

스페인 식의 삶을 택하든지 아프리카 식의 삶을 택하든지
그것은 삶의 레벨이 아니라, 전적으로 개인의 취향이어야 한다.
행복에는 레벨이 없으므로.

혁명을 이뤄 본 사람들

순리대로,

되는 대로,

차며 집이며 아무런 불만 없이

때가 되면 고치고 꾸미며 사는 사람들

차가 그랬고 실내가 그랬다.

무엇이든 그랬다.

내 손으로 고칠 수 있는 것을 행복해한다.

내 손으로 혁명을 이루어 본 사람은

내 손으로 이루는 재미를 안다.

그림 아래 사는 사람들

그림 아래서 옷을 갈아입고
그림 아래서 밥을 먹는다.
그림 아래서 오손도손,
오늘 하루를 어떻게 보낼 것인지 이야기한다.
피카소가 누군지 모른다. 고흐가 누군지도 모른다.
클림트는 더더욱 모른다.
그래도 그림이 그림 같아서 좋다.
가 본 적도 없는 다른 나라는 모두 그림 같을 거라고 상상하면
세상은 얼마나 흥미로운가,
어느 나라에서 왔냐고 물어서 '코레아노'라고 하면
그곳은 어느 나라일까,
그림 속을 먼저 상상한다.
그렇다면 이들에게 우리나라는 얼마나 아름다울 것인가.

살사는 슬프다

차차차, 맘보, 룸바. 살사는 빠르고 경쾌하다.

남녀가 함께 추는 살사는 현란하기까지 하다.

그러나 시간이 흘러 그들의 속내를 알아갈수록 춤은 신나기보다 슬프다.

잊기 위해 흔들고 견디기 위해 부르는 노래처럼 들린다.

음악에 맞춘 완벽한 호흡으로의 몰입, 엑스터시를 위한 몸짓,

쿠바의 역사를 알고 나면 모든 몸짓은 그렇게 보인다.

사실 이들의 춤은 역사가 깊다.

살사는 탱고처럼 음악에서 시작되었다.

그러니까 살사는 음악도 되고 춤도 된다는 얘기다.

옛날부터 카리브 해의 정열적인 사람들이 음악만 들리면
장소에 상관없이 추기 시작한 신나는 춤이라는데
오랜 식민지 노예 생활, 혁명의 시절을 겪어 그런지 살사는 슬프다.
우리의 아리랑이 슬픈 것처럼 이들의 리듬이나 몸짓이 살풀이로 보인다.
우리는 살풀이로 한을 풀고 그들은 지독하게 흔들면서 한을 풀어낸다.

춤에도 질서가 있다

배전반에서 이들의 춤을 본다.
온몸의 자유의지에 맡긴 채 흔들어 대는
흐트러진 현란한 동작, 살사, 룸바, 차차차,
수선스런 환호,
그러나 춤도 원칙을 갖는다.
기본 동작이라는 것,
지키지 않으면 호흡은 엉키고 만다.
부둥켜안은 채 충돌하고 만다.
살사를 보고 있노라면
아슬할 정도로 선정적이다.
그러나 춤을 추는 사람의 표정은
상대방과의 호흡이 엉키지 않도록,
몸이 엉키지 않도록, 오로지 스텝에만 몰두한다.

춤의 질서를 갖는 일.
선정적이나 춤도 길을 안다.
내가 이 복잡한 배전반에서
아슬함보다 안도하는 마음을 갖는 것처럼,

춤이나 배워 올 걸 그랬다.
반나절 배우고 클럽으로 직행하게 만드는
흔하디 흔한 댄스 교습소에서
살사라도 배워
춤바람이라도 날 걸 그랬다.

배전반은 아름다웠다.
볼 때마다 찍었다.
배전반 찍으러 온 사람처럼.
살사를 추러 쿠바에 온다는 그 누구처럼.

가게마다 쌓여 있는 하얀 계란,
사회주의 계란은 뭐가 달라도 다르다.
쿠바는 다인종 국가로
흑인과 백인 사이에는 물라토라는 중간 인종이
있다는데
왜 계란에는 '물라토 계란'이 없을까?
혼란이 없도록 모두 하얀 계란으로 통일한 걸까?
신통한 제도를 가진 나라.
그렇다면, 하얀 계란은 사회주의 앞에서 얼마나
평등한가.

칭얼대고 싶다,
여기서는

우리나라 선비 중에

비오는 줄도 모르고 책만 읽다가

말리던 벼를 다 떠내려가도록 둔 한량이 있었다.

밥 굶는 줄 모르고 책만 읽었다던 한심한 선비 이야기다.

그 뒤에는 선비가 밥을 굶게 되자, 머리를 깎아 팔고

수건을 뒤집어 쓴 순종파 아내가 있었다는데,

여기서는

밥은 굶어도 꽃은 사야지 하는

철부지 아내가 있나 보다. 사랑스럽다.

'쿠바 씨, 해바라기 꽃 한 송이만 사 주세요!'

나도 칭얼대고 싶다, 여기서는.

2. 혁명의 이름으로

혁명도 잘생긴 남자가 하면 근사하다

REVOLUCIONES
UNIDAD
IGUALDAD
MODESTIA
INDEPENDENCIA
LIBERTAD PLENA
ALASTOR

나의 게바라

본명은 '에르네스토 게바라'.

'체'는 기쁨 슬픔 놀라움 등을 나타내는 감탄사.

어원은 '나의' 혹은 '어이!'로 부르는 의미를 지닌 인디언 토속어.

그러니까 체 게바라는 '나의 게바라'라는 뜻이다.

하필, 뚫린 구멍으로 게바라가 보인다.

그때, 우리는 눈이 마주쳤다.

'어이!' 손을 들어 아는 체를 한다.

피델 카스트로 그리고 턱수염

혁명을 이룰 때까지 머리도 수염도 깎지 말자고 약속했다던 혁명군들
그중 피델 카스트로의 수염은 흡사 정글 같다.

'반란의 턱수염'이라고 표현한
영화감독 아그네스 바르다가 1963년에 영화를 찍을 때만 해도
턱수염은 그나마 볼 수 있었으나
지금은 사진에서나 볼 수 있다.
사진에서만 볼 수 있는 흔한 턱수염.
혁명 이후 카스트로는 검은 수염이 흰 수염이 되도록
그의 트레이드 마크처럼 깎지 않았다.
혁명을 이루고 죽어 간 동지들과의 약속을 지키자는 뜻으로 해석해 본다.

혁명의 사진

살면서 마음속에 우상 한 사람쯤 갖는 일.
언제나 끝까지 내 편이 되어 싸워 줄 사람을 갖는 일.
산다는 건 얼마나 든든한 빽인가.

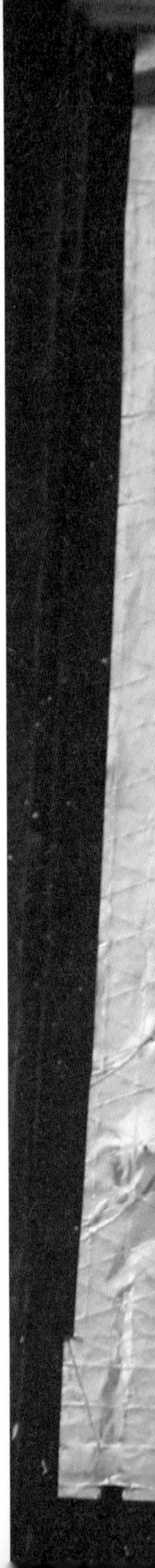

나의 정원, 미에시엔타

아바나에서 산호세로 들어서기 전,
체 게바라가 쿠바에 올 때마다 머물렀다던,
나의 정원(미에시엔타)이라 부르던 체 게바라 농장이 있는 후스티.
체 게바라 하면 혁명이고 혁명 하면 피의 붉은 깃발을 떠올리는데
농장에 들어서자마자 눈에 띄는 빨간색 철문에서
대뜸 혁명의 붉은 색깔을 본다.
체 게바라가 살던 방의 식탁보에서도 혁명의 의지를 본다.

혁명을 성공시킨 후,
함께해 줄 것을 권유하는 피델 카스트로에게 편지 한 통 남기고
볼리비아로 떠났다는 일화가 전해진다.

"나는 나의 사유 재산을 갖지 않을 것이며
나의 부인과 아이들을 그대의 국가에게 남기노니
피델 카스트로의 국가가 책임져 줄 거라고 믿네."

대략 이런 글을 남기고 떠났다는데
아마도 이 편지를 쓴 이후에 나의 정원이라고 이름 붙인 '미에시엔타'로
다시는 돌아오지 못했을 것이다.
그가 쓰던 옷장과 에어컨이 그대로 남아 있다.
정원 한 구석에는 체 게바라가 기도하던 산테리아교의 건물이 남아 있다.
아마 이곳에서 쿠바를 위해 기도하였으리라.
짧게 돌아보고 산호세로 들어서는데
계속 붉은색이 따라오고 있었다.
어딘지 모를 곳에 잠깐 차를 세워 붉은 기둥을 찍었다.

영웅과 혁명가

'혁명을 이룬 피델 카스트로나 체 게바라는 이곳에서 영웅이겠네요'
라는 질문에서 단호한 '아니요'라는 대답을 듣는다.
이들은 단지 '혁명가일 뿐'이라고 대답한다.
이들에게는 쿠바를 위해 싸우다가
관타나모 감옥에 갇힌 다섯 명의 영웅이 있다.
풀려나지 않은 다섯 명의 영웅이 있는 한 혁명은 계속될 것이다.

노을에 빛나는 체 게바라

영웅은 호세 마르티와 같은 정신적인 지도자를 말한다고 한다.

"혁명은 혁명 자체가 혁명되어야 한다."라는 루드 밀러의 말이 인상 깊다.

그들은 혁명 이상을 꿈꾸지 않았기에 혁명을 성공했다.

그들의 혁명은 언제나 빛난다.

호세 마르티

우리가 일반적으로 알고 있는 혁명의 전사 체 게바라나 피델 카스트로는
쿠바의 영웅이 아니다. 단지 혁명 투사일 뿐이라고 말한다.
쿠바의 정신적 지주이자 영웅으로 불리는 호세 마르티.
150년 전에 이미, 그는 쿠바를 위해 독립운동을 시작했다.
'쿠바의 아버지'라고 불린다.

호세 마르티는 누구일까
우리가 알고 있는 노래,
'관타나메라'를 기억한다면 호세 마르티는 금세 '아하' 할 것이다.
호세 마르티의 시구에 쿠바 전래 민요를 입힌 것이다.
그러니까 우리나라의 아리랑쯤 될까

"관타나메라 과히라 관타나메라
관타나메라, 관타나모의 농사 짓는 아낙네여
나는 종려나무 고장에서 자라난 순박하고 성실한 사람이랍니다.
내가 죽기 전에 내 영혼의 시를 여기에
사랑하는 사람들에게 바치고 싶습니다.
관타나메라, 과히라 관타나메라
관타나메라, 관타나모의 농사 짓는 아낙네여
내 시 구절들은 연둣빛이지만
늘 정열에 활활 타고 있는 진홍색이랍니다.
나의 시는 상처를 입고 산에서 은신처를 찾는
새끼 사슴과 같습니다."

'관타나메라'는 쿠바 동부 호세 마르티의 고향으로 '관타나모의 시골 여인'
이라는 뜻이라고 하는데, 지금 미국이 관타나모에 군사기지를 두고 있다.
이 세상 가장 혹독한 수감생활을 한다는 관타나모는 본래 쿠바의 땅이다. 미
국이 쿠바의 동부 관타나모 기지를 임대해 쓰고 있었는데, 혁명이 성공하자
기지를 빌린 값도 주지 않고 오히려 쿠바의 혁명군을 가두는 감옥이 되었으
며 대부분 여기서 죽어 나갔다고 한다.
그러니까 '관타나메라'는 쿠바의 애국가나 다름없는 한이 서린 노래가 된 것
이다.

떠나기 전 알기나 했을까.
관타나메라와 호세 마르티.
왜 영웅이 되었는지.
'관타나메라'는 지금 얼마나 슬플 것인가.

거리의 체 게바라

"혁명이란 모방이 아니라 이 세상에 하나밖에 없는 독창적인 변화여야 한다."

영웅이란 단 한 사람의 인간승리가 아닌, 뜻을 같이하는 동지를 얻어야 하고, 뜻을 같이하는 사람을 변화시켜야 하고 그리하여 역사를 바꾸는 사람이어야 한다고 『모터싸이클 다이어리』라는 영화에서 말한다.

그러나 진정한 혁명이란 '가슴속 갈등을 제자리에 되돌려 놓는 일'이라는 누군가의 글귀도 기억한다. 체 게바라가 꿈꾸었던 신념은 사람마다 본래대로 살아가도록 도와주기 위해 혁명을 꿈꾸었을 것이다. 그것이 사람답게 사는 일이라는 신념대로 행했을 뿐이다.

혁명이란 누구의 손에 쥐어 주느냐에 따라 다르게 해석된다.

SOCIALISMO
O MUERTE
JOSÉ MARTÍ
THE GOLDEN AGE
JOSÉ MARTÍ
The Black D
The Bolivian Diary
HAVANA MIAMI
THE US–CUBA MIGRATION CONFLICT
THE FERTILE PRISON
FIDEL CASTRO IN BATISTA'S JAILS
Mario Mencia
FIDEL CASTRO
HISTORY WILL ABSOLVE ME
BRIEF HISTORY of Cuba
La Edad de Oro
José Martí
Ché Guevara
EL PENSAMIENTO ECONÓMICO DE ERNESTO CHE GUEVARA
Carlos Tablada P
CHE GUEVARA
e a luta revolucionária na Bolívia
la cia contra el CHE
pensamiento político
EL DIARIO DEL CHE EN BOLIVIA
PASAJES DE LA GUERRA REVOLUCIONARIA
Ernesto Che GUEVARA
FIDEL CASTRO
CELIA
HISTORIA DE CUBA

CHE GUEVARA

Con tu eje
comuni
UJC
HASTA LA VICTO

나의 삶

내 나이 열다섯 살 때, 나는 무엇을 위해 죽어야 하는가를 놓고 깊이 고민했
다. 그리고 그 죽음조차도 기꺼이 받아들일 수 있는
하나의 이상을 찾게 된다면, 나는 비로소 기꺼이 목숨을 바칠 것을 결심했다.

먼저 나는 가장 품위 있게 죽을 수 있는 방법부터 생각했다. 그렇지 않으면,
내 모든 것을 잃어버릴 것 같았기 때문이다. 문득 잭 런던이 쓴 옛날이야기가
떠올랐다.

죽음에 임박한 주인공이 마음속으로
차가운 알래스카의 황야 같은 곳에서 혼자 나무에 기댄 채
외로이 죽어가기로 결심한다는 이야기였다.
그것이 내가 생각한 유일한 죽음의 모습이었다.

– 체 게바라 평전 중에서 –

내 나이 열다섯에는 무엇을 고민했던가.

3. 마탄사스

아버지의 이름으로 당신을 기억합니다

I KNOW

내 아버지의 아버지는 한국사람

아버지의 아버지는 한국사람

아들의 아들은 쿠바사람

그러면 나는 누구인가.

한국인 아버지를 둔 이민 3세,

이름은 에소 킴 곤살리.

"나의 아내는 쿠바사람입니다." 라고 말한다.

뿌리에 대해 당당한 민족으로 살아가고 있다.

기념사진 한 장 찍자고 하니까, 아버지 아래로 가서 선다.

애니깽

송일곤 감독의 『시간의 춤』이라는 영화로 본 쿠바의 한인사를 보면 이렇다.

1905년, 황성신보에 광고 몇 줄이 실렸다.

멕시코에 가서 4년만 고생하면 평생 팔자가 핀다고,

그리고 모집된 1033명의 한국사람은 멕시코로 가는 일포드호를 탔다.

그때까지만 해도 멕시코 유카탄 반도는 그들에게 새로운 삶을 줄 거라고 믿는 미래의 땅이었다.

'눈 감고 딱 4년만 죽었다고 생각하자' 모두 그런 마음이었을 것이다.

그리고 그들은 돌아오는 길을 잃었다.

돌려보내주겠다는 약속의 계약서가 파기되었다.

어마어마한 뱃삯을 요구한 것이다.

아니, 본토는 일제 강점기의 수난을 고스란히 받고 있어서

그들을 돌아볼 여유가 없었다는 말이 맞을지 모르겠다.

애니깽밭에서
멕시코까지 온 뱃삯을 벌어야 했고 돌아가는 뱃삯을 벌어야 했다.
그리고 세월이 흘러 시세가 없어진 애니깽으로
이들의 일부가 쿠바의 사탕수수밭으로 건너왔다.
그들이 쿠바 이민 1세대들이다.

질긴 팔자보다 더 질긴 애니깽을 화분에 심었다.
두고두고 바라보며 너를 기억할 것이다.
그러나 모든 지나간 시간은 화초가 된다.
아련해질 뿐이다.

물어물어 찾아간 코레아노의 집.
무슨 마음이 들었는지 그동안 너무 고생하셨다고 얼싸안았다.
덤덤히 바라보다가 느닷없는 눈물에
오히려 할아버지가 쓸쓸히 웃는다.

애니깽이 웃는다.
화초가 되어 웃고 있다.

슬프게 한 사진 한 장

한인 할아버지를 만나기 전, 부에나 비스타 소셜 클럽에 공연을 보러 갔을 때
홀에 걸린 사진 한 장에서 아버지의 아버지쯤 되는 사람을 만났었다.

그림 속의 아버지가 우리들의 아버지일지도 모른다고 생각했다.

멕시코 유카탄 반도의 메리다라는 곳에 가면 '제물포'라는 술집이 있단다.

이유인즉, 노동자로 온 한인이 돈 몇 푼만 생기면 이곳에 와 자신이 떠나왔던
제물포를 그리워하며 '제물포, 제물포' 하고 노래를 불렀단다.

그래서 주인이 간판을 '제물포'라고 바꾸었다.

대부분의 이민 1세대들은 그런 한을 품고 견뎌 왔던 것이다.

마탄사스 어딘가에도 이런 슬픈 간판이 있을 것 같다.

사진 속 한인은 우리 모두의 아버지였을 게다.

사진에 대한 오랜 잔상인지 무대에서 부르던 '찬찬찬'은 슬프다.

이들이 부르는 찬찬찬, 아버지가 불렀을 '아리랑'

발음도 못하는 쿠바 할아버지를 안고 '괜찮아요, 괜찮아요.'

한국사람을 조상으로 둔 사람들

믿음의 조상이었던 아브라함은 하나님의 부르심을 받
아 가나안 땅으로 갔단다.
예수 그리스도를 이 땅에 보내기 위한 거룩한 뜻으로
믿음의 조상을 만들었다고 하는데, 그렇다면 아브라함
은 하나님에 대한 믿음이 없이는 불가능했을 것이다.
이들 또한 다르지 않았겠다.
한국에서 멕시코로, 멕시코에서 쿠바로, 시험 받고 또
시험을 받으면서 무슨 생각을 하며 견뎠을까. 아들이
아들을 낳고 또 그의 아들을 낳고,

경대에 놓인 사진을 가리키며 우리의 아이들이라고 설
명하시는 쿠바 엄마에게서 한인 3세 헤로니모 임을 생
각했다. 헤로니모 임 역시 『시간의 춤』이라는 영화를
통해 알게 된 인물이지만 쿠바에 정착하여 살기 시작
한 이래 가장 빨리 성공한 인물이었다. 쿠바의 한인사
회에서 성공의 롤모델인 셈이다.
피델 카스트로와 법대 동기이고 혁명군에 가담하여 쿠
바 독립을 위해 싸웠으며 차관까지 지냈다고 한다.

성공하고 자리 잡을 때까지 3대면 족할까.
어느 대까지 한국을 기억할까?

엄마의 공간은 누추했다.

그러나 밥을 짓고, 빨래를 하고, 재봉질을 하고,

때로는 휴식을 하고,

아무런 불편이 없어 보인다.

누추하다고 해서 불행한 것은 아니니까.

깨진 화분이라고 해서 꽃이 자라지 않는 것은 아니니까.

할아버지, 안녕

옥탑방에 살면서 좋은 것은 집단 가옥 내에서 일어나는 일은 무엇이든 쉽게 알 수 있다는 것이다. 우리를 안내하던 이곳 근처에 사는 사람이 "코레아노가 당신을 찾는다고." 소리쳤을 때 제일 먼저 창문에 나타난 사람은 할머니였다. 어디로 올라가야 하느냐고 물었을 때 통로를 일러 주던 손짓은 할아버지였다.

모든 소식이 창문을 통해 날아들기에 하루에도 수십 번씩 내다보는 창문.

나도 나의 창을 갖고 싶다.
두 개의 창문을 가진 옥탑방.

아버지의 의자

아버지와 체 게바라 사진 아래 의자를 놓아 두었다.
아버지 사진과 의자를 번갈아 가리키는 것으로 봐서
아버지 의자라는 말 같다.
사진 한 장 찍자고 하니까 의자에 가서 앉으셨다.
아버지가 그리울 때는 앉을 수 있는 의자를 하나쯤
갖는 것도 괜찮겠다.

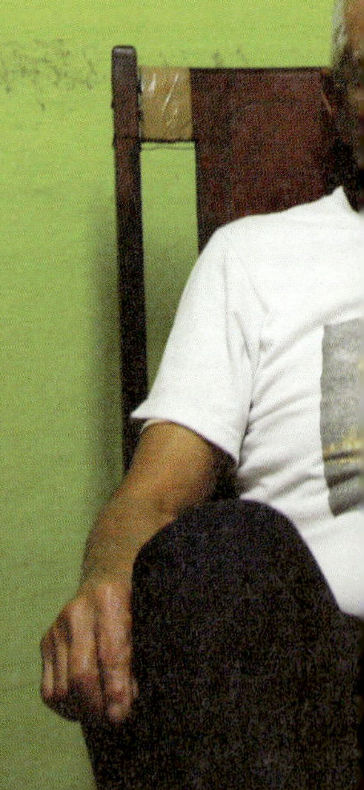

사요나라

일본의 작별 인사 중에 '사요나라' 는 마지막 인사를 의미한다.
'시유 어게인See you again'의 의미가 포함되지 않은
슬픈 고별이다.
다시 만날 수 없는 영원한 이별.
창문에 붙어 서서 오래도록 서로 손을 흔들었다.

내일은 마탄사스로 갈 예정이다.

MATANZ
Pueblo lo
revolucionari

AS
rioso
culto.

마탄사스, 마탄사스

우리 한인들이 멕시코를 거쳐 가장 먼저 발을 디딘 곳이 마탄사스,
대량학살을 뜻하는 무시무시한 마탄사스.
쿠바의 발음상 끝부분의 's'는 묵음이 되어 '마탄사'로 부른단다.
돌아와 거대한 표지판에 쓰인 철자의 뜻이 무엇인지 몰라 밤을 새워 단어를
찾았다.
그러다가 고작 알아낸 것은 사라진 's'가 묵음이라는 사실뿐,
인디언 푸에블로족이 '근면하게 혁명을 하며 살아가는 마을',
가도 가도 옥수수밭, 노동자의 마을로 농업혁명이 시작한 마을쯤으로 해석
하고 말았다.

멕시코의 애니깽이 튼튼한 비닐 밧줄에 밀리자 수익이 좋다는 설탕을 찾아
발을 디뎠으나 설탕 폭락으로 다시 고생길에 접어든 마탄사스.

한인의 발자취를 찾아 떠난 여행도 아니고 애국자는 더더욱 아니면서 우리
는 내려서 사탕수수와 놀았다. 어렸을 적 맛보았던 옥수수 대궁의 찝찌름한
단맛에 대한 기억, 오랜 시간이 흐른 뒤에도 그 맛은 언제나 달콤하게 기억
된다.
그렇다면 오랜 시간이 흐른 뒤, 그들에게 사탕수수 맛은 어떠했을까?
추억은 오래되면 달콤해진다는데.

GIRÓN
VICTORIA
DEL PUEBLO

별을 찾아

송일곤 감독이 쿠바 한인들을 중심으로 영화를 만들 때

제목을 '시간의 춤'이라고 했을 만큼

송일곤 감독은 춤의 매력에 빠졌던 게 분명하다.

쿠바의 한국계 발레리나 '다아나'라는 아가씨를 바닷가로 불러내어

석양을 배경으로 춤추는 모습을 찍은 다큐영화는 인상적이었다.

인터뷰 중에 그녀는 말했다. '사람마다 자신만의 별을 가지고 있는데

자신의 별은 춤을 추는 것이고, 가슴속에 그 별을 품고 산다'라고.

그럼 나의 별은 무엇일까?

아바나 시내에서 만난 또 하나의 별을 품은 소녀를 바라보며 오래도록 별을

생각한다. 쿠바까지 와서야 '자신만의 별'에 대해 깊이 생각한다.

별을 찍어야겠다. '자신만의 별'

그것이 내가 꿈꾸는 혁명이 아닐까.

상자 속에 핀 꽃

쿠바에는 우리의 뿌리를 가진 여인 하나가 살고 있어,
어머니의 어머니를 '상자 속의 여인'이라 부르지.

중국인에게 딸을 팔아 버린 아버지,
딸은 배로 숨어들었다네.

맘씨 좋은 쿠바 아저씨,
상자 속에 숨겨 주었어.
멀리멀리 지구 끝으로 도망갔다지,
그곳이 쿠바였네.
지구 끝에 사랑이 있었네.
너무 멀리 있었네.

사랑은 사랑을 낳고,
여인은 딸을 낳고, 딸은 또 딸을 낳고,

그녀는 화가라네.
한국 이름은 박영희,
쿠바 이름은 알리시아.

거리에서
그녀를 꼭 닮은 그림을 만났네.
상자 속의 여인이네.
알고 보니 꽃이었네.
상자 속에 꽃봉오리를 숨겨 왔던 거야.
이제야 꽃이 환하게 피네.

4. 한때 네게 나도 풍경이었는지

'지구에서 가장 멀리 떨어진 곳까지 갈 수 있는 길'을 따라

흔들리는 풍경

자주,
흔들린 적 있었지.
이제와 생각하니 그때는
단지 풍경이었어.
네게 있어 나도 풍경이었는지?

풍경이 흔들리니 따라서
나도 흔들리는 걸 느끼네.
풍경은 풍경을 그리워하네.

모든 지나간 시간이 참 이국적이네.

길 위에 길이 있었네

길 위에 길은 있는데,
풍경은 풍경을 만나지 못한다.

모든 인생이 직선이라는 것을
미리 알았더라면
나는 여행가가 되었을 것이다.

아무 것도
꿈꾸지 않는 아침이 오고
아무 일도
일어나지 않는 저녁이 오고
아무렇지 않게 잠들 것이다.

애저녁에
너를 잊어야 옳았다.

길 위에 서면 무지개를 보고 싶어

딱 한 번만 속아 보고 싶어.

고개를 넘어 일곱 빛깔 무지개를 보고 싶어.

평생에 다시 올 수 없는

깊은 산자락에서 갖는 쓸데없는 희망.

이름도 아름다운 산호세를 지날 때

빛난다, 환하게.

우리가 지나 온 모든 길이 무지개였음을.

누구나 길 위에 서면 인생을 생각한다

길을 찍는다.
그리고 길을 생각한다.

소로의 수많은 길 중에서
"지구에서 가장 멀리 떨어진 곳까지 갈 수 있는 길"이라는
대목에서
울컥한다.

길

헨리 데이빗 소로

지금 나는 꼬불꼬불하고 건조하고 인적 없는 낡은 길을

그리워한다.

그 길은 마을 먼 곳으로 나를 이끈다.

나를 지구 너머 우주로 인도하는 길,

그러나 유혹하지 않는 길,

여행자의 이름을 생각하지 않아도 좋은 길,

농부가 자신의 농작물을 짓밟는다고 불평하지 않는 길,

자신의 시골별장에 무단으로 침입했다고 불만을 토로하지 않는 길,

마을에 작별을 고하고 걸음을 재촉해도 좋은 길,

순례자처럼 정처 없이 떠나는 여행의 길,

여행자와 부딪치기 어려운 길,

영혼이 자유로운 자,

벽과 울타리가 무너져 있는 길,

발이 땅을 딛고 있다기보다는 머리가 하늘로 향해 있는 길,

모를 행인을 만나기 전에 멀리서 그를 발견하고

인사 나눌 준비를 할 만큼 넓은 길,

사람들이 탐을 내 서둘러 이주할 정도로 토양이 비옥하지 않은 길,

보살필 필요가 없는 나무뿌리와 그루터기 울타리들이 있는 길,

여행자가 그저 몸 가는 대로 마음을 맡길 수 있는 길,

어디를 향해 가든, 오든, 아침이든, 저녁이든, 정오든, 자정이든

별 차이가 없는 길,

만인의 땅이어서 값이 헐할 길,

얼마만큼 왔나 따져볼 필요 없이

편안하게 걸으면서 생각에 몰두할 수 있는 길,

숨이 차면 천천히 왔다 갔다 하는 변덕마저도 소중한 길,

사람들과 만나 억지로 저녁을 먹고 대화를 나누며

거짓 관계를 맺지 않아도 좋은 길,

지구의 가장 멀리 떨어진 곳까지 갈 수 있는 길.

5. 메멘토 모리

길 위에서는 오직 산 자만을 기억하라

사소한 이별에게 목례

여행 중에 묘지를 즐기는 것은
나의 모든 이별에 대한 목례.

들어서면 언제나 먹먹하다.
죽음이 그런 것이 아니라
이별의 선험이 너무 가벼워서.

절절했던 사람과 죽을 때까지
한 번도 만날 수 없는
바람 같은 무게라면
이별은 참으로 사소하다.

다시 한 번 더 잊어 주리라.

묘지에 바람이 분다

"바람이 분다.
세상은 어제와 같고,
시간은 흐르고 있고,
천금 같았던 시간들.
이렇게 달라져 있다."

추억은 다르게 적힌다고,
이소라의 '바람이 분다' 노래를 흥얼거린다.
묘지에서 읊조리는 바람 같은 가사,
살아 있다는 것은 우연일 뿐이다.

체 게바라의 혁명 같던
천금 같은 모든 시간도 스러지고 만다.

나 죽거든

로세티

사랑하는 그대여, 나 죽거든
슬픈 노래는 부르지 마세요.
머리맡에 장미도 심지 말고
그늘지는 사이프러스도 심지 마세요.
내 위로 초록색 풀이 덮이게 하여
비와 이슬 방울에 젖게 해 주세요.
그리고 당신이 원한다면 나를 기억해 주고
또 잊어버리고 싶으면 잊어 주세요.

나는 그늘을 볼 수 없을 거예요.
비가 내리는 것도 모를 거예요.
두견새 구슬프게 우는 것도
나는 들을 수 없을 거예요.
나는 해가 뜨거나 지는 일 없는
어둠 속에 꿈꾸며 누워 있으리니
나는 당신을 생각할지 몰라요.
아니, 어쩌면 잊을지도 몰라요.

로세티가 시(詩) 안에서
죽음을 아름답게 노래하는 동안
태평하게 죽음을 바라본다.

너무 심심해서, 너무 지루해서
종알댄다. 종알댈 때마다
사이프러스 나무 한 뼘씩 자라난다.
로세티는 잊고 싶으면 잊어 달라고 애원도 한다.
죽음은 너무 심심한 환상이다.
사랑도 이쯤 되면 그만두어도 좋을 현실이다.
죽음 앞에서 산다는 것은 아무 것도 아니므로.

석관을 두드리다

석관에 문고리를 달아 두고
당신을 찾아갈 때마다 문고리를 두드립니다.
내가 왔다는 신호입니다.
열리지 않은 문,
열 수 없는 세상에 당신을 두고 왔습니다.
이제 서서히 문고리도 녹이 습니다.

천사를 보다

묘지 안내소 안에 걸린 체 게바라의 사진
어디에서나 만나는 그의 사진은
이 나라의 혁명의 깊이를 말해 주고 있었다.
사진을 먼저 보고 들어간 탓인지
천사는 죽음을 보듬어 주는 것이 아니라
혁명을 보듬고 있는 듯 했다.
체 게바라의 삶을 보듬고 있는 듯했다.
체 게바라는 볼리비아 밀림에서 쓸쓸히 죽었다.

죽음 뒤의 시간은 남아 있는 자의 몫이 아니다.
천사의 몫이다, 죽음은.
그러니까 남겨진 것은 추억일 뿐이다.
체도 죽음이 무섭지 않았던 건 그 때문일 것이다.

그래서 나도 문득 죽고 싶어진다.
천사가 있다니까.
평화가 있다니까.
혹은 그곳이 너무 한가로워서.
한낮의 시엔푸에고스에서 만난 사후의 느낌.

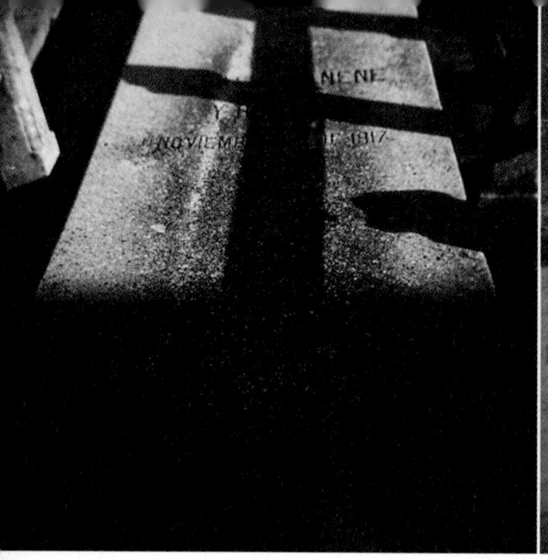

비가(悲歌)

빈센트 말레이

들어라, 얘들아.
너희 아버지가 죽었단다.
그의 낡은 코트들로
너희에게 작은 자켓을 만들어 주마.
그의 낡은 바지들로
너희에게 작은 바지를 만들어 주마.
그의 호주머니 안에는 그가 거기에
넣고는 했던 물건들이 있겠지.
담배로 찌든
열쇠들과 동전들이.
댄은 동전들을 줄 테니

저금통에 저금하렴.
앤은 열쇠들을 줄 테니 그걸로
꽤나 시끄러운 소리를 내겠지.
삶은 계속되어야만 하고
죽은 사람은 잊혀져야만 한다.
삶은 계속되어야만 한다.
착한 사람들이 죽는다 하더라도.
앤, 아침밥을 먹어라.
댄, 네 약을 먹어라.
삶은 계속되어야만 한다.
정확히 그 이유는 잊었지만.

꽃으로 만나는 당신

산 자의 곁에서 꽃이 핀다.

죽은 자의 곁에서 꽃이 진다.

죽은 자 곁에서 진 꽃

산 자 곁에서 다시 꽃이 핀다.

죽은 자 앞에 꽃을 바친다.

일주일도 피어 있지 않을 꽃을

그렇게 죽은 자를 기억한다.

산 자가 죽은 자를 기억할 수 있는 소통의 꽃,

죽은 자가 산 자에게 다시 필 것을 약속하는 재회의 꽃.

천사 다미엘을 만나다

후배 선교사가 물었다.

"왜 묘지를 찍어요? 무엇을 찍는 거예요?"

쿠바의 묘지 '죽음의 도시'에서 천사 다미엘을 만난 건 그때였다.

죽음으로부터 자유롭지 못한 인간을 부러워하며

그토록 인간이 되고 싶어 했던 천사 다미엘.

영원히 살면서 순수하게만 살아가야 하는 존재에서

인간의 고통과 두려움, 슬픔, 눈물, 욕망까지도 사랑한 다미엘.

누군가는 유한한 존재로, 때로는 포기하고 싶었던 삶의 '지금'이,

누군가는 그토록 살고 싶었고, 느끼고 싶었던 '지금' 이 순간이란다.

아파 봤으면 좋겠어. 걸을 때 움직이는 뼈를 느끼고,
'예, 아멘 대신 아아, 오오' 외치고 싶어….
손으로 사과를 쥐어 보겠어….”

빔 벤더스의 영화『베를린 천사의 시』중에서

6. 골목 안 풍경

골목 안에는 바람이 둥지를 틀고 산다

바람이 둥지를 틀고 산다

바람의 주소
올드 아바나의 골목에는
바람이 산다.
바람은 골목을 떠나지 않는다.
아예 둥지를 틀고 산다.

그래서 골목에서는 아프리카 냄새가 난다.
사방에서 흘러 들어온 바람끼리
사돈되고 팔촌이 되어
엉키고 엉킨 채, 떠나고 싶어도
이제는
풀지 못해 떠나지 못한다.

할아버지에게서 배운 노래나 불러야겠다.
할머니에게 배운 춤이나 춰야겠다.
바람이 바람을 붙잡는다.
한바탕 춤 추고 나면 저녁이다.
이제 떠나기에는 너무 늦은 시간이다.

올라, 인사를 던지며

눈을 뜨면 숙소가 있는 올드 아바나의 카사 앞에서 놀았다.

골목을 서성이며 모퉁이 끝에서 누군가 나타나기를 기다렸다.

시간이 흐르고 골목이 익숙해져 갈수록, 가끔은

드라마틱한 사건이 일어나 주길,

여행에서는 늘 그렇게 누군가를 기다리며

새로운 사건이 일어나 주길 기다린다.

그러나 드러나는 것은 언제나 그들의 일상이 주는 소소함.

만나는 사람마다 자연스럽게 이웃처럼 지나갔다.

'올~라!' 어제 배운 낯익은 인사를 던지며.

카리브 엘레지

카리브 해 연안의 햇볕과 남태평양의 햇볕은 뜨거움이 닮았다.

고갱의 그림에서 보았던 색감의 뜨거운 색을 시장 귀퉁이 어디서나 만난다.

멋진 정물화이다.

누군가 던져 놓기만 해도 그림이 되는 쿠바 색감들

오전 내내 아트마켓에서 그림을 둘러보고 온 탓일까.

시장 바닥도 예술처럼 보인다.

노래를 부르기만 하면 가수가 되고, 그림을 그리기만 하면 화가가 되는

쿠바노, 지나가는 우리를 불러 세워 불러 주던 '베사메무쵸'

삶은 마냥 달아오르며 흥겹다. 카리브의 뜨거운 햇볕처럼.

호박이건 토마토건 모두 햇볕이 적당히 묻어 있다.

그들은 햇볕을 절대 털어 내지 않는다.

그래서 애니깽의 징한 추억을 지녔을 지도 모른다.

싱싱하게 사는 법

여행을 하며 토마토와 피망, 당근, 바나나까지 참 많이도 사 먹었다. 이른 아침, 사진을 핑계로 장을 보러 다녔다. 이 때 우리는 CUC를 내고 CUP로 거스름돈을 받았다. 슬슬 내국인용 CUP를 사용하는 법을 배우며 적응의 도를 늘려 갔다. 그러니까 우리는 24배 싸게 사는 법을 배운 것이다.

외국인들도 현지인들이 사용하는 페소를 사용할 수 있으며 현지인들의 가게나 상점에서 음식들을 사 먹을 수 있다. 그래서는 안 되지만, 그들이 눈감을 땐 우리도 눈감는다. 1CUC를 내면 토마토, 피망 섞어서 한 봉지 정도나 바나나를 수북히 준다. 물론 정확한 값은 아니다. 시쳇말로 통빡이다.
그들이 더 달라하면 더 주고, 아무래도 비싸게 사는 것 같아 거스름돈을 더 달라고 하면 그들도 돈을 더 내주는데, 그들에게는 계산에 서툰 우리들이 봉이다.
물건이 그리 좋아 보이지 않지만 쿠바의 모든 먹을거리는 친환경적인 유기농이다.
채소는 우리나라의 것보다 달달하지 않지만 대신 싱싱하다. 그만큼 삶도 싱싱하다.

숙성의 시간

때가 되면 익는다.
세월이 가면 잊는다.
과일에게 배우고
시간에게 배운다.
여행에서 배운다.

PRODUCTOS
INDUSTRIALES

El pueblo que vende, sirve.
Hay que EQUILIBRAR
el comercio para asegurar
la LIBERTAD.

ennoblece.
no hace mas
que evaluar la fe
en lo grande.
José Martí

행복이란

행복은 잣대를 대지 않을 때 무조건 신이 난다.

PARKING
50 M

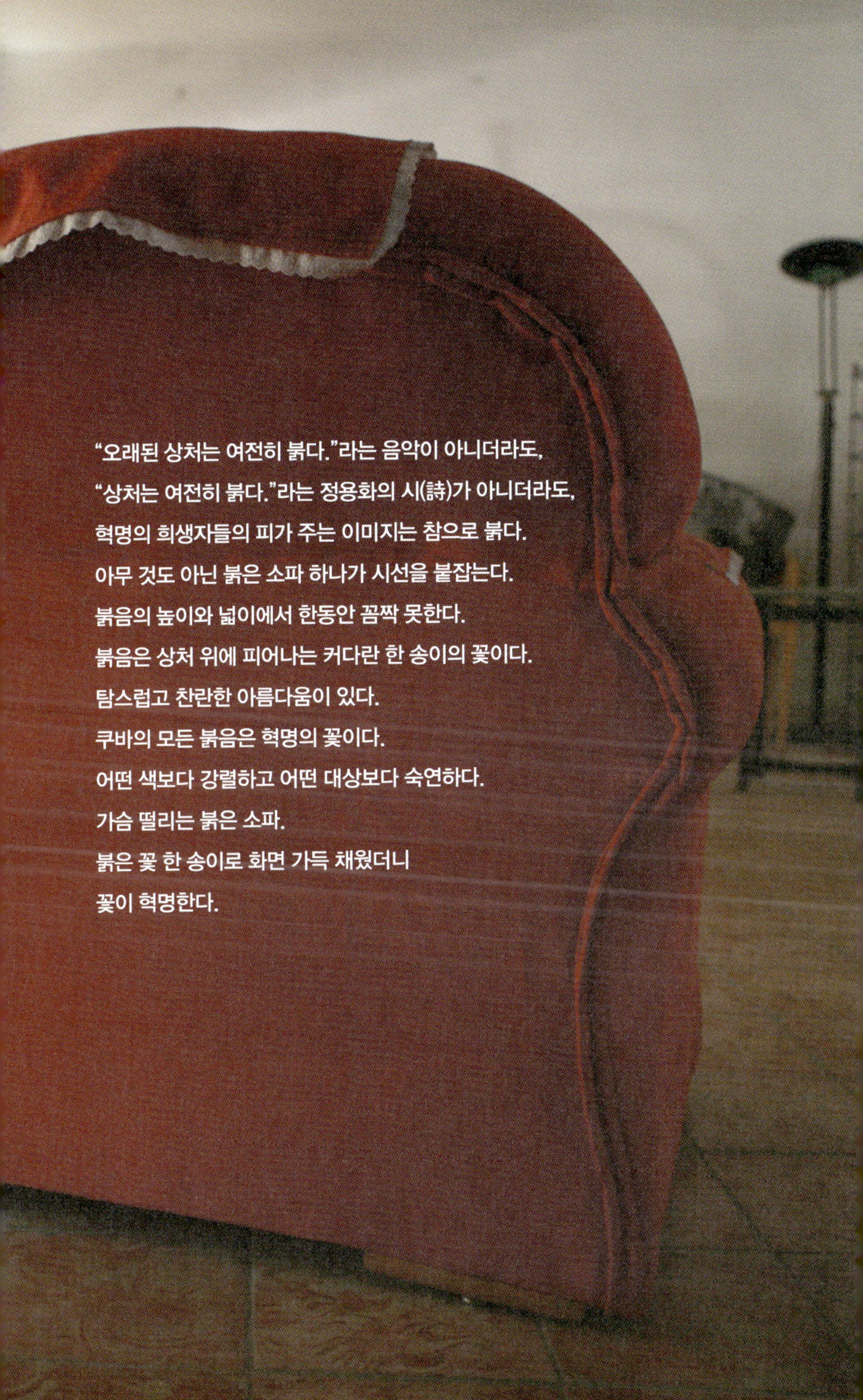

"오래된 상처는 여전히 붉다."라는 음악이 아니더라도,
"상처는 여전히 붉다."라는 정용화의 시(詩)가 아니더라도,
혁명의 희생자들의 피가 주는 이미지는 참으로 붉다.
아무 것도 아닌 붉은 소파 하나가 시선을 붙잡는다.
붉음의 높이와 넓이에서 한동안 꼼짝 못한다.
붉음은 상처 위에 피어나는 커다란 한 송이의 꽃이다.
탐스럽고 찬란한 아름다움이 있다.
쿠바의 모든 붉음은 혁명의 꽃이다.
어떤 색보다 강렬하고 어떤 대상보다 숙연하다.
가슴 떨리는 붉은 소파.
붉은 꽃 한 송이로 화면 가득 채웠더니
꽃이 혁명한다.

7. 예술가의 방

푸른 날개를 지닌 새 한 마리 품어 키운다

사진가의 방

사업이고 뭐고 다 때려치우고 죽어라고 사진이나 찍으면서 사진에 빠지고 싶다는 생각을 한 적이 있다. 그러다 보면 시큼한 현상 정지액STOP BATH 냄새가 내 인생을 아름다운 청춘으로 정지시켜 줄지 모른다고 착각을 하게 하였다. 그러나 어떤 예술도 일상이 되고 생활이 되면 곧 밥이라는 것을 알게 되기까지 그리 오래 걸리지 않았다.

아바나에서 만난 사진가 동지.

그의 작업실 더스트 확대기에서 그의 용기를 보았다. 우리가 꿈꾸던 사진의 꿈을 보았다. 아바나에서 머무르는 동안 시간만 나면 놀러 갔다. 그는 수줍은 웃음을 지녔다. 그의 얼굴이 기억으로 인화되었다. 지구 반대편에 나보다 더 어리숙한 동지 하나 살고 있어 쓸쓸히 그의 사진 몇 점을 사 가지고 왔다. 그가 지닌 사진 일상, 낯익은 풍경, 그리고 인화 약품 냄새, 오래 그리울 것이다.

그러나 얼마간 그리워하다 잊혀질 것이다.

Para. Alberto de Candelaria!

판화가의 방

작품보다 더 그림 같은 그의 방.

작은 작업실에서 그림 같은 삶을 꿈꾼다.

꿈은 죄가 아니니까 얼마든지 꿔도 좋지 않은가.

그렇게 몽상가로 살기로 한다.

그는 혁명의 방법 중에서 그림을 택했을 뿐이다.

220
110
no puedo
renunciar
al placer
de la
libertad de
equivocarme.
C. Chaplin
QUE MALEK
NO LO
HAGAS AQUI
Festival
de DEPORTES
Extremos
NO ME PONGAN
ORI
evidencia del golpe

chiquiti, chacata.....
ANO QUE...E EL DINERO.
.....GAS...OFICIO.
ROYAL
Máquina d'........

그림이 있는 풍경

더 이상 혁명을 꿈꾸지 않기 위해 그린다.

카리브 해 햇빛을 그린다.

뜨겁다.

뚝뚝,

원색이 흘러내리면 붓으로 춤을 추기 시작한다.

그림 안에는 그들의 스텝이 보인다.

세상과 엉키지 않고 살아가고 싶어 하는 마음이 보인다.

매일매일 그리다 보면 이것이 혁명이지 않겠는가.

그림이 완성되면 끝나지 않겠는가.

Aragón
Sept
Haban
En Concer
TODOS LOS
MARTES Y JUEVES
HORA : 21 PM

예술이 숨어 사는 방

다양한 치장, 다양한 손길,

'나는 옆집과 같은 것을 용서 안 한다' 하는 듯하다.

본 적이 없으므로 상상의 세계는 모두 다르다.

그러니까 집집마다 예술이다.

예술은 천성이다.

매일매일 예술 안에서 산다.

예술이 별건가.

Equipos de Incendios

8. 쿠바노

쿠바의 매력은 그녀의 환한 웃음에 있다

쿠바사람들

쿠바사람들은 단절된 사회에서 살다 보니 다른 세상 사람들이 궁금할 만하다. '여행에서 자유롭지 않으니 나가 볼 수도 없는데 보여 주러 오다니 얼마나 고마운가'그랬을 것이다. 우리가 그들을 보는 동안 그들은 더 오래도록 우리를 신기하게 보고 있다. 뒷모습이 사라질 때까지 오래,
갇힌 세상에서 산다고 해서 울에 갇혀 사는 사람으로 본다는 것은 얼마나 위험천만한 일인가. 그녀는 지금 외부에서 공격할 수 없도록 아주 튼튼한 안전망을 치고 우리를 보고 있는 중이 아닌가.

"이건 어느 별나라에서 온 물건인고?"
"자, 자, 저들이 우리를 공격해 오는지 잘 살펴보라구."

영화 아바타에서처럼 말이다.
그러나 대부분의 사람들은 경계심이 없다. 더구나 코레아는 베이징올림픽 때 야구로 한판 붙었던 나라가 아닌가. 좀 더 정세 관계를 아는 사람은 진도가 더 나아간다.
노스North? 사우스South?
묻지만 결국, 한국은 너무 먼 나라.
단지 다른 세상이 궁금할 뿐이다.

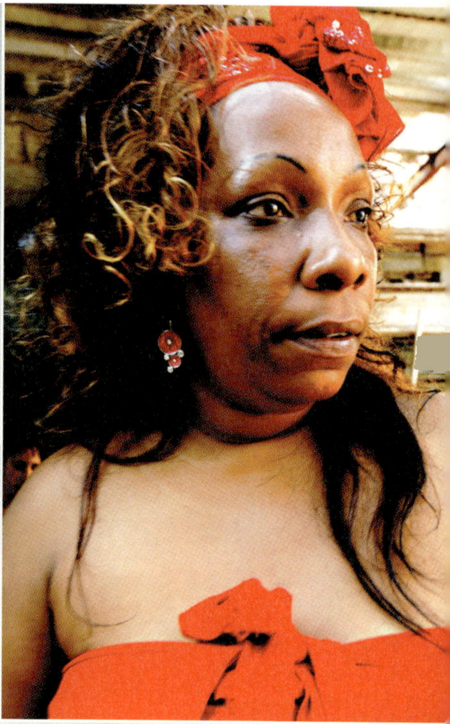

- Abuela, ¿por qué luchan los pueblos?
- Por el amor y el respeto
- ¿Y los poderosos?
- Por el oro y por el ocio.

카메라로 말 걸기

여행 중에 사진에 찍힌 사람들은 어떤 식으로건 소통을 했던 사람들이다. 너스레를 떨며 찍자고 하면 쑥스러워 고개를 돌리기도 하지만 대부분 자세를 고친다. 장난을 걸고, 함께 웃고, 찍힌 사진을 보여 주며 다시 까르르, 원치 않으면 그 자리에서 지운다. '내가 이 사진을 가져가도 좋겠습니까?' 통과의례를 거치는 것이다. 여행 중에 대상을 찍을 때는 교감을 원칙으로 하는 것이 좋다. 그러면 근사하게 찍었다고 토마토나 피망을 한두 개 더 얹어 주기도 하니까. 카메라는 여행 중에 소통을 하기 위한 도구로 아주 유용하다. 그러니까 사진을 찍기 위한 목적보다 다가가기 위한 목적으로 이용될 때가 많다. 돌아와 사진을 보니 주루룩, 추억이 보따리로 쏟아진다.

언젠가 너무 그리워지면 다시 싸들고 갈지도 모르겠다. 그들이 사는 골목을 기억하니까.

설탕가게 아줌마

우리가 묵었던 골목길 설탕가게 아줌마와 그의 친구이다. 오며 가며 안면을
트고 나니 함께 골목에 앉아 시간을 보내기도 한다. 말이 안 통하니까 주로
찍은 사진을 보여 주며 오늘은 내가 어디를 다녀왔는지, 또 지금부터는 어디
를 가야 하는지 손짓 발짓으로 대화를 나눈다. 가게 일을 맡아 하는 아주머
니의 아들인 듯한 설탕가게 아저씨는 사진 찍는 것을 싫어했는데, 아줌마와
안면을 트고 나니 그것도 수월해졌다.

카사 엄마

아바나에서 마지막에 묵었던 카사의 아줌마이다.

카사 파티쿨라르Casa Particular 민박집을 카사라고 부른다. 우리는 이 여인을 엄마라고 불렀다. 딸인 듯한 여인이 와서 마미라고 부르기에 우리도 덩달아 엄마라고 부르기 시작했다. 그런데 정말 자상한 엄마 같다. 우리가 피망을 봉지째 사다 먹으니까 다음날 아침에 피망을 사다 식탁에 올려 준다. 한국이란 나라는 아마도 피망을 주식처럼 먹는 나라인가보다 했을 것이다.

아주 조용한, 천상 여자인 여인이다. 여인은 아마도 프랑스 혈통을 지닌 듯했다. 뽀얀 살결과 가냘픈 몸매가 사랑스러웠던 엄마. 마지막 밤을 보낸 곳이라 그런지 헤어짐을 제일 아쉬워했다. 입고 있던 옷이 엄마에게 어울릴 것 같다고 선물로 주고 왔다. 가끔 상상한다. 내 옷을 입은 엄마는 잘 계신지.

프랑코 아저씨

우리와 트리니다드까지 3박 4일간 함께 여행 했던 프랑코 아저씨.
쿠바에서 만난 사람 중에 제일 인상에 남는 아저씨인데 전문 렌트카 기사는
아니다. 렌트 첫 날, 렌트카의 바퀴에 펑크가 났다. 우리는 정비소를 찾아 헤
맸고 나중에서야 쿠바에는 일반인이 운영하는 정비소가 없다는 걸 알았다.
간신히 찾은 국영 기업 정비소에서 친절하게 우리를 안내하던 아저씨가 프
랑코이다. 그리고 다음날 렌트카 회사에다 여행 중간에 또 펑크가 나거나 차
에 이상이 생기면 어떻게 하느냐고, 정비를 책임질 수 있는 프랑코를 지목하
여 함께 여행할 수 있도록 배려해 달라고 요청하였다. 성공하였고 아바나 근
처 프랑코의 집에 들러 옷가지를 챙겨 함께 떠났다. 프랑코는 신이 났는지
느릿한 몸이 날쌔지기 시작했다.

여기서부터 프랑코로 인한 에피소드는 시작된다. 프랑코는 생전 트리니다

드를 가 본 적이 없다고 했다. 너무 먼 거리라 여행은 생각지도 못한 것이다. 길을 물어 가며 찾아가는 길, 표지판도 시원치 않다. 프랑코는 고속도로로 가자고 했다. 이유는 고속도로는 그나마 표지판이 있어서 헤매지 않아도 되니까 그러자고 했다. 우리는 사진을 찍으러 온 여행이니까 국도가 좋다고 우겼다. 프랑코는 시골길에는 짐승들의 똥이 많아 차가 지저분해진다고 안 된다고 했다. 우리는 또 우겼다. 돌아도 상관없고 늦어도 상관없으니까, 국도가 좋다고.

그런데 프랑코에게는 또 다른 이유가 있었던 것이다. 우리가 렌트한 현대차는 쿠바에서는 A급의 차로, 내심 고속도로를 멋지고 신나게 달려 보고 싶었던 것이다. 남자니까 그럴 수도 있었겠다, 뒤늦게 생각했다.

두 번째 에피소드는 프랑코가 식당에 들어가 함께 밥을 먹을 때면 항상 제일 상석에 앉았다. 처음에는 적잖이 당황스러웠다. 그러나 우리는 생각을 바꾸기로 했다. 생전 처음, 이렇게 먼 여행을 나온 프랑코에게 이벤트를 해 주자고 의견을 모았다. 식사 선택의 폭도 늘려 주었다. 여행 중간중간, 프랑코를 위한 간식을 사기 위해 차를 세우라고 요청하기도 했다.

돌아올 때쯤 프랑코는 미안해진 건지, 우리의 뜻을 눈치챈 건지. 사탕수수 주스 파는 데에서 차를 세워 사탕수수 주스를 쏘기도 하고, 길거리에서 우리에게 피망을 사 주기도 했다. 우리가 차에 피망과 토마토를 사서 수시로 먹는 것을 보았기 때문이다.

그리고 마지막 날의 에피소드.
우리에게 고마워하던 그는 우리가 숙소를 찾는다니까 자신이 신혼여행 때 묵었던 호텔을 소개해 주겠다고 했다. 그 호텔은 시내에 있는 리도 호텔로, 예전에는 외국인용이 아니라 내국인용 호텔로 이용되던 곳이다. 쿠바에서는 결혼을 하면 여행이 어려우니까 식을 마치고 하루쯤 나와서 자는데 이런 때 많이 이용되는 호텔이었다. 결국 신혼여행용 호텔인 것이다. 잠을 자는 용도 이외에는 아무것도 없는 창고 같았다. 나름 우리가 민박집을 찾는다니까 민박집보다는 호텔이 낫지 않겠나 하는 배려였지만 시설은 호텔로는 어림없는 수준이었다. 그러나 우리는 시내의 호텔에서 좋은 경험을 하였고 때마침 옥상에서 벌어진 누군가의 생일 파티를 구경하게 되는 행운을 얻었다. 그리고 다음날 아침 옥상에서 좋은 사진도 한 컷 얻었다.

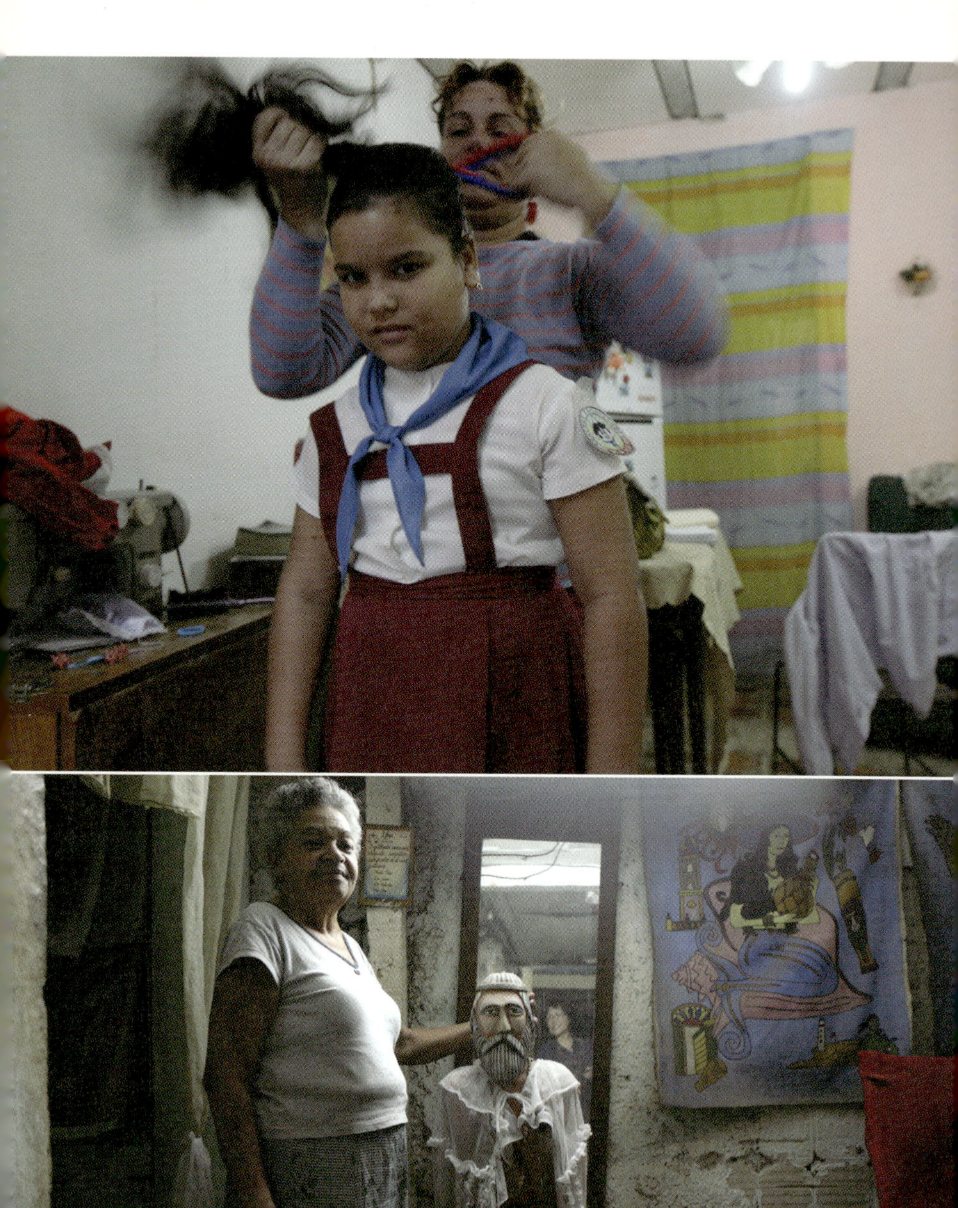

9. 오래된 도시

이제는 발톱을 세워도 좋아

쿠바의 역사는 생각보다 참으로 짧다. 1492년 콜럼버스가 신대륙을 향해 카리브 해의 쿠바에 도착했을 때부터 쿠바의 역사를 들추기 시작한다 해도 쿠바는 고작 500년 역사이다. 세계적으로 가장 오래된 도시는 기원전 3500년의 역사를 지닌 바빌론을 꼽는다. 그러나 바빌론을 말할 때 '올드'라는 이미지와 연관짓지는 않는다.

이에 비해 쿠바는 '올드'라는 이미지와 잘 어울린다. 쿠바의 아이콘이라고 말하는 '올드'라는 단어를 아무리 거슬러 올라가도 500년, 그나마 속내를 알고 보면 주인 없는 어수선한 수탈의 역사이다. 스페인이 세력을 확장하기 위해 발판으로 이용했을 뿐, 그래서 쿠바의 많은 건축물은 스페인이 가장 번성했던 시기에 지어진 17~18세기의 것들이다. 묘하게 이슬람 냄새가 섞인 유럽풍의 건물이다.

"이건 유럽에서 보았던 건물인데? 이건 실크로드에서 본 건물이야."

인종만큼이나 건축물도 다양하다. 500년을 따라 올라가다 보면 결국 스페인을 만난다. 반면에 사람을 따라 올라가면 아프리카가 보인다. 그렇다면 올드라는 의미는 '오래된'이 아니라 '낡음'으로 해석이 된다. 어쨌거나 섞이고 섞인 인종, 섞이고 섞인 문화, 다양한 인종끼리 다양한 문화를 서로 인정하며 공유하고 사는 것, 이제 쿠바는 '물라토 문화'를 만드는 중이다. '올드'라는 단어를 차지하여 세계에서 가장 오래된 도시를 건설 중이다.

muralla

10. 달려라 쿠바

이런저런 쿠바의 뒷담화도 필요할 것 같아

비자이야기

쿠바를 가기 위해서는 비자가 필요하지만 여권에는 감쪽같이 기록을 남기지 않는다. 신기하다. 들어갈 때 받았던 비자 반쪽을 나올 때 상큼한 미소로 거두어 갔다. 무슨 일인지 들어갈 때 내야 한다던 25달러의 비자수수료도 받지 않았다. 미국 관광객을 위한 배려였을까? 아님 최근에 바뀐 관광 정책일까? 일단 돈을 받지 않아 돈이 굳는다. 기분이 좋아진다. (돌아와 알아보니 이제는 에어 캐나다 항공료에 이미 포함시킨다고 한다)

우리가 머물렀던 보름간

'쿠바의 사회주의는 우리에게 단지 풍경이었을 뿐이다'라고 말하는 듯했다.

"난 아무것도 본 것이 없어, 기억할 수가 없어, 시치미를 똑 떼 줄게."

사회주의는 불편한 진실이다.

커피이야기

쿠바사람들은 길거리에 선 채로 에스프레소 커피를 마신다.

커피는 시가만큼이나 그들의 생활이다. 쿠바는 북회귀선의 커피 존coffee zone에 걸쳐져 있다. 바로 옆의 섬, 코스타리카의 커피는 우리나라에서 대단한 매니아층을 가지고 있는 편이다.

설탕도 흔하다. 그래서 후하다. 커피에 설탕이 반이다. 달디 단 쿠바 커피. 우리나라 시골 다방에서 할아버지가 마담을 위해 커피 한 잔 사면 인심 좋게 듬뿍 넣어 주던 설탕 커피처럼,

할아버지와 마담은 한나절 달콤하였지.

아, 아쉽게도 쿠바에는 마담이 없다. 대신 국밥이라도 내줄 것 같은 아줌마가 뚱한 얼굴로 건네주면 끝이다. 길거리에서 홀짝 마시고 떠나면 그뿐이다. 그렇지만 쿠바에 가면 쿠바 커피를 꼭 마셔보라. 1CUP짜리 낭만이 뚝뚝 떨어진다. 대신 관광객들은 여행객이 사용하는 1CUC를 내고 커피를 마셔야 한다.

"뭐 걱정할 것 없어, 24배 차이밖에 안 나니까. 낭만 값을 좀 얹었거든!"
"관광객은 뭔가 달라야지, 여긴 쿠바잖아!"

쿠바에서만 맛볼 수 있는 쿠바 커피, 그렇지만 무슨 낭만이 더 있는 건지 낭만으로 친다면야 1CUP보다 헐하다.

이곳에서는 아프리카에서 커피를 따다 온 것 같은 커피색의 남정네가 표정 없이 연신 커피를 내린다. 모두 서서 줄을 기다린다. 호떡 사러 줄을 서듯, 돈을 들고 촌스럽게 대책도 없이 기다린다. 누가 먼저인지, 누가 꼴찌인지 알 수가 없다. 순서를 기다리다 줄이 헐렁해지면 다시 오려고 동네 두 바퀴를 돌았다. 그러나 하루 종일 끊임없다. 커피색 바리스타의 표정 없음이 이해가 되었다. 급기야 비싼 낭만을 포기한다.

일반적으로 쿠바 커피는 중저급의 커피로 쿠비타와 세라노가 있다. 커피를 즐기는 사람의 얘기로는 쿠비타와 세라노를 50:50으로 배합하는 것이 가장 맛있다고 한다. 색깔은 탕약 수준인데 맛은 꿀물에 가까웠다. 입안이 화하니 박하사탕을 물고 있던 느낌이 남는다. 아, 이 맛이 쿠바 커피의 진수이다. '그래서 설탕을 사기 위해 줄을 섰던 게로구나' 이해가 될 만큼.

아, 팁 하나.

달디 단 에스프레소를 마신 후에는 반드시 찬물을 마셔야 한단다. 환상을 오래 간직하는 법은 빨리 환상에서 깨는 것이 좋다? 아니. 커피의 진득한 잔맛이 입 안에 오래 남는다는 것이 별로 유쾌하지 않다는 얘기라는데, 아무래도 설탕이 원인이지 않을까 싶다.

애교 넘치는 '쿠비타'

쿠바에서 부르는 '쿠비타Cubita'는 쿠바의 애칭이다. 스페인에서는 애칭으로 끝에다 '~타' 붙이기를 즐긴다. 이름이 '파올라'라면 하면 '파올레~타'하고 부르는 것처럼
쿠바를 사랑하는 사람은 '쿠비~타'라고 부르기를 즐긴다. 그런데 쿠바 커피를 만드는 회사에서 쿠비타를 고유명사화했다. 예쁜 에스프레소 잔에도 '쿠비타'라고 적혀 있고 '쿠비타'라는 커피 전문점도 흔하다.

어쨌거나 커피를 광적으로 좋아하는 나는 '쿠비타'라는 단어가 너무 좋았다.
"쿠비~타!"
"얼른 커피~타."

그나저나 어쩌지?
쿠비타를 먼저 마셨으니 저 딱딱한 빵은 뭐랑 먹지? 수난당하는 내 입천장.
쿠바에서 주식은 빵이다. 쿠바에 가려면 빵을 먹는 요령부터 배워야 한다.

낡음이라는 상품

무엇을 파는 곳인지 무엇을 사는 곳인지, 모종의 비밀거래가 이루어지는 듯한 상점에 들렀다. 진열품이라고는 고작 캔 몇 개 포개 놓고, 대신 진열대 위에는 근사한 악기 사진이 걸려 있었다.

아무렇게 던져 놓은 물건들, 오래 걸려 있던 것이 분명한 낡은 그림, 그곳에 걸리니 작품이다. 그 아래 서니 사람도 풍경이다. 낡고 낡은 사진 한 장과 함께 올드old가 되어 어울린다.

어느새 '올드'는 아이콘이 되고 낡음을 보여 주며 당당히 말한다.

'낡음' 한 번 보실래요? 그들은 지금 '낡음'을 팔고 있는 중이다.

사방이 세계문화유산으로 지정된 올드 아바나,

뒷골목에선 뒷거래에 익숙해야 한다. 물건을 살 줄 몰라 멋쩍게 웃다가 나왔다.

생뚱맞게 반짝거리며 빛나는 금전등록기, 낡음을 계산하는 금전등록기였나?

ATENCION
LOS PRODUCTOS QUE
LLEGAN A LA UNIDAD
ANTES DEL DIA 15
Vencen AL FINALIZAR
EL MES EN CURSO
LECHE POLVO DESCREMADA
1kg $2.00
LECHE POLVO ENTERA
1Kg $2.50

트럭버스도 타볼 걸

관광객이 이용하는 이층버스는 화려하기까지 하다. 반면에 트럭을 개조한 버스는 주민생활형으로 초라하다. 그러나 대부분의 관광객은 이러한 트럭을 타보고 싶어 한다. 가끔은 배낭여행객이 CUP로 트럭을 이용하기도 한다. 그러나 잘못하다가는 몇 십 원이면 해결할 것을 몇 만 원을 주고 해결하는 해프닝을 겪기도 한다. 사회주의에는 적응이 필요하다. 아니, 눈칫밥이 필요하다. 대충 주면 대충 받는다. 네팔의 박타푸르에 갔을 때도 그랬다. 세 번을 갔는데 갈 때마다 요금이 달랐다. 어디서나 맨 처음에는 눈칫밥을 연습하는 값을 치루기 마련이다. 손바닥 위에 지폐와 동전을 한 움큼 들고 알아서 집어 가게 하는 것이다.

그들은 당당하게 말한다.

'너희들은 우리보다 잘 살잖아, 알아서 줘' 트럭에서는 관광객에게 정가가 없다. 즐기는 만큼 주면 가장 적당한 가격일 게다. 이러다가 신문에 날지도 모르는 일이지만, 언젠가 돈푼깨나 쓰는 아저씨들이 중국 관광을 가서 내 식대로 계산한 즐거움의 값을 지불하는 바람에 신문의 사회면을 화려하게 장식한 적이 있다.

물론 여기서도 관광객이 밀려들어 오면서 소위 돈맛을 아는 사람들에 의해 치안도 조금씩 위협받는 것은 사실이다.

그러나 옛날에 김포공항에서 외국 관광객을 태운 택시 기사가 얼마 되지도 않는 거리를 반나절이나 태우고 서울 외각으로 뱅글뱅글 돌았다는 정도는 아니니까 마음을 풀어 놓고 다녀도 좋다. 사기를 치는 정도는 아니니까, 속아 주는 재미도 재미라면 재미이다. 여기나 거기나 사람 마음은 같아서 금세 눈치로 느끼게 마련이다.

그러나 항상 조심은 해야 한다. 사람 일은 또 모르는 거니까.

춤, 한 번 땡기실까요?

밥을 먹는 것이 일상이라면 그들에게 춤도 일상이다. 어릴 때부터 엄마 손을 잡고 교습소에 가서 스텝을 익힌다. 『안녕 쿠바』에서 보면 104살 먹은 할머니가 춤을 추는 장면이 나오는데 춤이 몸에 배어 있었다. 평생 춤을 일상으로 살아 온 것이다. 우리의 할머니가 베틀을 짜면서 베틀가를 불렀다면, 쿠바 할머니들은 춤을 추며 한을 풀었겠다.

거리에서도 클럽에서도 할아버지가 차차차나 맘보를 춘다. 춤이란 게 저 혼자서는 어쩌지 못하고 언제나 음악이 함께 하면서 춤과 음악의 경계를 넘나든다.

'아바나 리듬의 왕'이라 불리는 베니 모레는 아프리카의 라틴 음악을 발전시킨 손 몬투노 음악의 진수를 전한 사람이다. 그리하여 세계적인 볼레로 음악의 전설적인 뮤지션으로 인정받았다. 독특한 쿠바만의 정서를 지닌 음악이 되고, 춤이 되고 그 매력 속에 한 번 빠지면 헤어 나오기 힘들다고 한다.

쿠바에서 춤은 사회주의라는 단어가 주는 뻣뻣하게 닫힌 문을 열어 주는 신기한 마법이다. 몸이 꼬이면서 신나고 정열적인 사회주의가 된다.

"한 번, 땡기실까요?"

춤바람이 나 있는 쿠바.
사회주의 씨는 이제 손 내밀며 춤추자고 관광객들에게 청을 한다.

꽃 파는 여인

관광객이 많이 모이는 아바나 성당 앞 광장에서 아리따운 여인을 여럿 만났다. 꽃을 팔기도 하고, 시가를 팔기도 하고, 시가를 물고 함께 사진 모델이 되어 주기도 한다. 의상이 너무 재미있다.

쿠바의 전통의상이 무엇인지 종잡을 수가 없다. 하긴 춤의 종류가 많은 나라니까 춤에 따라 의상도 다르기는 하겠다만, 플라멩코를 출 때 의상인지, 룸바를 출 때의 의상인지 도무지 구분이 안 가는, 요란 딱딱한 의상이다. 몸은 아프리카, 의상은 스페인, 시가는 쿠바, 그럼 샌들은?

물론 주변에는 돈을 거둬가는 관리인들이 있다. 국가 관광 정책 관리인이다. 광장은 관광객으로 넘쳐난다. 누구는 캐리커처로 초상화를 그려 주고, 누구는 모델이 되어 함께 사진을 찍어 간다. 관리인은 정확하게 50%를 거둬 간다고 한다. 그러니까 속된말로 반타작하는 거다.

가끔은 손님이 없다. 아니, 없을 때도 많다. 여인들을 구경하는 동안 여인들은 우리를 구경했다. 세 명을 한꺼번에 찍으면 3배를 줘야 하는 건가? 사람을 찍을 때는 거의 어떤 액션을 취해서라도 찍어도 좋은가를 묻는 편인데, 가끔 그런 실갱이가 번거로울 때도 있다. 더구나 이 사람들은 돈을 받는 모델이 아닌가. 그런 날은 그냥 맨둥맨둥 구경만 하고 다닌다. 아니, 퍼질러 앉아서 사람 구경만 한다. 그 재미도 쏠쏠하다. 눈이 마주치길 여러 번, 슬쩍 셔터를 눌렀다. 눈이 마주쳤다. 그냥 모른 척 해 주었다.

우리가 사진을 찍기 싫을 때가 있듯이 여인들도 일하기 싫을 때가 있는 모양이다.

'이참에 역할 바꾸기라도 한 번 해 보실래요? 건너갈까요? 그쪽으로?'

CHE
CABALLERO PLAZA QUE LLAMA A LA
LA VALENCIANA

체 게바라라는 상품 가치

영원히 젊은 혁명의 뜻을 남긴 체 게바라. '혁명을 꿈꾸는 자, 쿠바로 오라'
'오라! 오라! 오라니깐!'

이곳에 오니 체 게바라는 대단한 상품이다. 혁명 이후 또다시 체 게바라를
통해 쿠바는 관광혁명을 시작했다고 해도 과언이 아니니까. 언젠가는 체 게
바라를 이용한 혁명축제를 하게 될 날이 올 것이라고 생각한다.

종종, 북한도 경제난에서 헤쳐 나올 수 있는 방법이 하나 있다는 생각이다.
관광의 문을 열고 '평양 광장에서 군사축제라도 벌이면 관광객이 쏟아져 들
어올 텐데, 뭘 망설이지?' 축제 하나로 온 도시가 먹고사는 에든버러의 밀리
터리 타투도 있잖은가. 축제 전문가가 해외로 파견을 나가 외화 벌이도 하는
데, 여기로 오면 대박 나겠다.

체 게바라인들 알기나 했겠나. 자신이 관광자원이 될 거라는 사실을?

광장에 앉아 멍하니 바라보며 이런저런 생각을 하는데, 안이가

"살아서도 혁명, 죽어서도 혁명, 쿠바에서 체 게바라는 하느님 다음이겠
네?" 한다.

그렇다면 더도 말고 딱, 100년 후 쿠바에서 체 게바라는 어떤 존재가 될까?

지금 남아 있는 사람은 직접적으로 혁명의 수혜를 받은 사람들이다. 그렇다
면 100년 후 후손들에게 체 게바라는 단지 역사 속 인물이 될 것이고 그러면
그때 체 게바라는 어떤 모습으로 남을까?

체 게바라와 사진

『체CHE』라는 영화를 보면 체 게바라를 총살하기 전, 미국 측 상관이 아랫사람을 시켜 체 게바라와 자신이 함께 서 있는 마지막 사진 한 장을 찍으라고 명령을 한다. 언젠가 유명한 사진이 될 것이라고.

흐트러진 머리칼을 쓸어 올려 주면서 함께 기념사진을 찍는 장면에서 사진은 때때로 얼마나 횡포인가 생각한다. 그렇기 때문에 사진을 하면서 적어도 일방적인 샷을 날리지 않으려고 노력하는 편이다. 우리가 무슨 대단한 르포 사진작가도 아니고 사진 한 장으로 계몽운동을 할 것도 아니므로 우리에게 사진기는 대부분 소통의 도구로 사용될 뿐이다. 그냥저냥 여행사진가가 제격이 아닌가 생각한다.

쿠바로 떠나기 직전에 코르다의 체 게바라 사진전이 서울에서 열렸다. 쿠바와 직접적인 교역이 없는데 체 게바라가 서울까지 온 것에 대해 놀라움을 금치 못했지만, 그렇게 '서서히 문이 열리고 있구나'라는 생각에 긍정적이 되었다. 이번 사진전을 통해 알게 된 코르다. 그는 누구일까? 현재 세상에 돌아다니는 체 게바라 사진의 대부분을 코르다의 작품이라고 보아도 좋을 것이다.

피델 카스트로도 사진 찍히는 것을 좋아해서 어디서든 밀착 취재하듯 곁에서 찍는 것을 허락했다고 한다. 그래서 사진을 통해 피델 카스트로의 인간적인 면을 많이 보여 주었고 따뜻하게 각인되었다. 사진은 그런 측면으로 보면 어떤 사람을 낭만적인 사람으로 남길 수도 있고, 찍힌 사진 한 장의 표정 하나에 폭군으로 남겨질 수도 있다. 우리나라에도 '사진예술'이라는 사진잡지의 대표 김영만 선생님이 동아일보 기자 시절, 출입기자로 활동하면서 대통령 사진을 많이 찍어 대통령에 대한 또 다른 인간적인 시각을 갖게 하기도 하였다.

생전에 사진 찍는 것을 좋아했던 체 게바라도 사진에 대해서는 찍는 일이나 찍히는 일이나 자연스러운 편이었다. 20대에 모터싸이클 하나로 아르헨티나를 떠나 남미를 여행했을 때도 카메라를 메고 구석구석을 찍었다.

그렇다면 체 게바라가 혁명에 꿈을 품지 않았다면 의사를 하면서 적당히 시

도 쓰고, 틈만 나면 우리처럼 사진이나 찍으러 다녔을까?

체 게바라에게서 자유로운 영혼의 냄새가 난다 싶었는데 상상만으로 자유와 참 잘 어울렸을 법하다. 남미의 구석구석을 여행하면서 실상을 알려 주는 다큐사진가로 살았더라면, 하긴 그것도 혁명이라면 혁명이었겠다. 사진을 했었다는 사실이 조금은 동지감을 느끼게 했던 체 게바라, 좋아하는 이유 중에 어느 정도의 부분을 차지하기도 했다.

우리나라와 교역의 물꼬

1990년대 초쯤, LG는 중고 가전제품을 가지고 쿠바를 공략하고, 1990년대 말쯤 현대는 대용량 발전기를 가지고 쿠바에 입성했다. 그러나 우리나라는 쿠바와 공식 수교국가가 아니다. 우리는 그 많은 교역을 캐나다나 파나마를 통해서 한다. 북한과는 1960년대부터 수교를 시작하고 대사관을 두었지만 우리나라는 미국과 관계가 있다고 하여 수교가 성사되지 않았다.
안 한 건지 못 한 건지 모르지만.

아바나 시내를 누비는 현대차, 기아차, 올드카와 나란히 달리는 티코의 질주는 근사했다. 사실 우리가 빌렸던 렌트카도 현대차였는데, 좋은 차라고 돈을 더 지불했다.
이런 차들도 우리가 직접 보낸 것이 아니리라.
시내에는 방배동 ↔ 사당동이라 적힌 마을버스가 글씨도 못 지운 채 쿠바 사람을 실어 나르는데 체제가 보여 주는 아이러니다.
집집마다 우리가 만든 발전기가 들어가 불을 밝히는데.

"쿠바야, 남의 눈치 보지 말고 우리랑 놀자."
복잡한 국제관계 같은, 어지러운 전깃줄들
오바마도 오매불망 쿠바와 잘 해 보자고 손짓한다는데.
"아 뇨, 전깃줄은 우리가 치워 줄게. 그런 다음 같이 놀면 안 될까?"

건축혁명

쿠바에 오면 별게 다 혁명을 한다.

쿠바의 건축 양식은 스페인의 통치에서 중세의 영향을 받은 웅장한 건축 양식인데, 이런 건물들이 쿠바 식으로 바뀌고 있다. 건물들이 그들의 손에 의해 숙소나 식당으로 다시 태어나고 있는 것이다. 더구나 쿠바사람들의 탁월한 인테리어 감각을 인정 안 할 수가 없다. 스스로 고치고 꾸미는 사람들, 모두가 선수일 텐데 골조에 옷 입히는 것은 식은 죽 먹기 아니겠는가.

어느 날 짠하고 명소로 내놓을 것이 분명하다. 작정하고 보여 줄 생각인 것 같다.

그 날을 기대한다. 그러나 자본주의 냄새가 폴폴 나는 사회주의, 무늬만 사회주의는 아니길 바란다. 짝퉁이 아니길 빈다.

허름한 건축물은 사진적인 요소로서도 충분하다. 그래서 우리는 허름한 공간도 놓치지 않고 답사하듯이 살피고 다녔다. 아마도 그것들은 곧 쿠바의 뼈대가 될 것이라고 믿는다.

CHEVROLET
CUBA
MDB331

올드카와 신분

우리나라에서 자동차의 크기로 대강의 신분을 점칠 수 있다면, 쿠바 역시 자동차로 신분을 알 수 있는 코드가 있다. 노란색 번호판은 개인 소유의 차량이다. 번호판 하나라도 살피면서 다니면 여행이 곱절로 재미있어진다.

장관급 이상은 흰색(한 번도 못 보았다),
국영기업체 사장과 고위 공무원은 황갈색,
국방부 소속은 초록색,
국가 업무 차량(택시도 여기에 포함된다)은 하늘색,
외국계 회사는 주황색,
렌트카(관광객)는 적갈색,
각국 대사관은 검정색,
임시 차량은 밝은 빨강색 등이 있다.

여행에서 돌아온 이후에도 여전히
우리는 지금 적갈색의 번호판을 단 자동차로 드라이브하는 중이다.

헤밍웨이를 차지한 쿠바

그 유명한 헤밍웨이가 쿠바에 기여하는 정도는 대단하다. 생전에 잘 다니던 술집이 두 군데가 있는데 줄을 서야 할 정도이다. 이 집에서는 "모히토를 마셨다더군.", "아, 이 집에서는 다이키리라는 칵테일을 마셨대."라는 말이 나오면 관광지로 성공한 것이다. 아바나의 명동이라고 불리는 산루이스오비스포 거리 초입에 '라 플로리디타'는 헤밍웨이가 '다이키리'라는 칵테일을 마시던 곳이다. 어디를 가든지 '여기까지 왔는데' 하고 찾아가면 그것은 이미 훌륭한 관광 자원이 되는 것이다.

우리도 예외는 아니어서 한참을 걸어 찾아갔다. 전전날 헤밍웨이 박물관도 들렀는데, 여기를 들러야 헤밍웨이를 다 보았다고 할 수 있을 것만 같다.

'엘 플로리디타' 레스토랑 외벽에는 헤밍웨이가 자주 찾던 집이라고 써 붙여 놓았고,

헤밍웨이가 주로 앉았던 자리에는 동상이, 벽에는 피델 카스트로와 찍은 사진이 걸려 있었다. 헤밍웨이도 쿠바에서 상품이 되어 간다.

헤밍웨이는 세계적으로 문학사에 공헌한 바가 크다. 1954년에 『노인과 바다』로 노벨문학상을 받은 소설가로, 대단한 예술가 한 사람이 한 나라의 자존심을 지켜 준다고 한다면 헤밍웨이는 미국의 자존심을 지켜 주는 사람이 되었을 테지만 헤밍웨이가 어른이 된 후에는 쿠바가 좋아서 쿠바에서 가장 오래 살았다. 성격상 한 곳에 오래 머무르지 못하고, 이혼도 몇 번씩 하며 요란하게 살던 사람이 쿠바에 집을 마련하고 20년씩 살았다고 한 것을 보면 쿠바를 정말 좋아했던 모양이다.

좋아 했고, 피델 카스트로와 친분도 있는 사이였으나 혁명정부가 들어선 후, 미국인이라는 사실 때문이었는지 그가 살던 집 핑카 비히아Finca vigia에서 쫓겨났다. 그리고 지금은 그의 이름 몇 자로 쿠바를 먹여 살리는 데 일조를 한다. 어쩌면 쫓겨났기 때문에 더 유명해진 것은 아니었을까? 쫓겨나지 않았다면 『노인과 바다』보다 더 나은 대작 소설이 쿠바를 무대 삼아 나오지 않았을까 생각하지만 말이다. 피델 카스트로는 보물 하나를 잃은 것 같다. 쿠바에 살게 두었더라면 그가 자살의 길을 택하지 않았을지도 모르는 일이다.

MI DAIQUIRÍ... EN EL FLORIDITA
Floridita

"아쉽도다."
"그렇다면, 우리도 헤밍웨이를 위해 건배를 해야지."

그러나 엘 플로리디타에는 자리가 없다.
여기 모인 사람들은 주구장창 앉아서 모두 헤밍웨이 이야기를 하고 있는 중이다.

"헤밍웨이는 재치 있고 쾌활하고 성미가 급한 사람이었대."
"아니, 호탕하고 이기적이고 개방적이고 자기중심적이었대."
"아니, 아니 쾌락적이고 헌신적인 사람이었다더군."
"손녀딸 '마고 헤밍웨이'도 자살했다지 아마? 그럼 그의 일가에 자살이 다섯 명째야?"

삶을 사랑하면서도 죽음에 대한 강박관념에 사로잡혀 결국은 자신의 머리에 총을 겨눈 사람, 역사에 남을 만큼 대단한 소설가라는 이유로 그의 특이한 성격이 모두 용서가 되는 사람, 헤밍웨이.

장소를 옮기려고 나오니 앞에 있던 빨간 택시 기사가 건너편 헤밍웨이가 묵었다던 암보스문도스 호텔을 가리킨다. '저기도 들려야 되잖우?' 하는 듯이. 대부분 입소문으로 명소를 만든다고 할 수 있다. 얼마나 많은 사람이 레스토랑 코앞에 있는 암보스문도스 호텔을 물었으면.
아쉬워서 오비스포 시내에서 음악소리가 들리는 곳을 골라 그곳에서 쿠바 음악을 들으며 헤밍웨이표 모히토를 마셨다. 그러나 분위기에서는 짝퉁 냄새가 났다.

헤밍웨이 박물관은 우리가 접수한다.

헤밍웨이는 아바나 근교의 코히마르 어촌에서 영감을 얻어 『노인과 바다』를 저술했다. 헤밍웨이가 살았던 전망대의 목장이라는 뜻의 '핑카 비히아'라는 스페인 풍의 대저택은 앞으로 세월이 갈수록 쿠바에게 대단한 명소가 될 것이다. 그렇다면 미국은 헤밍웨이를 쿠바에 빼앗겼다고 보아도 좋다.

박물관의 입장료는 4CUC, 적지 않은 가격이다. 그런데 또 사진 찍는 요금으로 5CUC를 또 요구한다. 아무려면 어떠랴, 여기까지 왔는데 헤밍웨이는 보고 가야지, 사진도 찍어야지. 아바나에서 약 30분 정도 떨어진 산프란시스코 지역에 있는데, 아바나 근처에 산다는 프랑코 아저씨도 잘 모르는 곳이라 헤매다가 문 닫는 시간에 임박해서야 간신히 들어갔다.

언제 보았는지 가물거리지만, 단체 관람으로 보았던 '무기여 잘 있거라'의 록 허드슨과 제니퍼 존스, 또 '누구를 위하여 종을 울리나'의 게리 쿠퍼와 잉그리드 버그만, 한 때 헤밍웨이에 열광하지 않은 청춘이 어디 있으랴만 무거운 전쟁 소재 안의 운명 같은 사랑은 누구나 한 번쯤 동경했을 것이다. 감동적이었다. 그러한 헤밍웨이의 숨결이 아직도 남아 있는 듯 그대로 보존되어 있었다.

그렇다면 헤밍웨이가 쿠바를 떠날 때 아무것도 가져가지 않았다는 말인가? 덕분에 생전에 쓰던 빗 하나까지 쿠바를 위해 볼거리가 되다니.

역사는 시간이 흐르면 재미있는 이야깃거리가 된다. 어떻게 살았던지 간에.

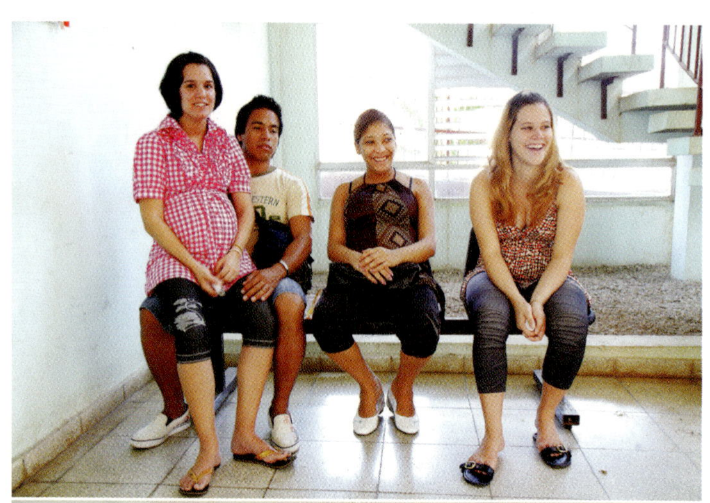

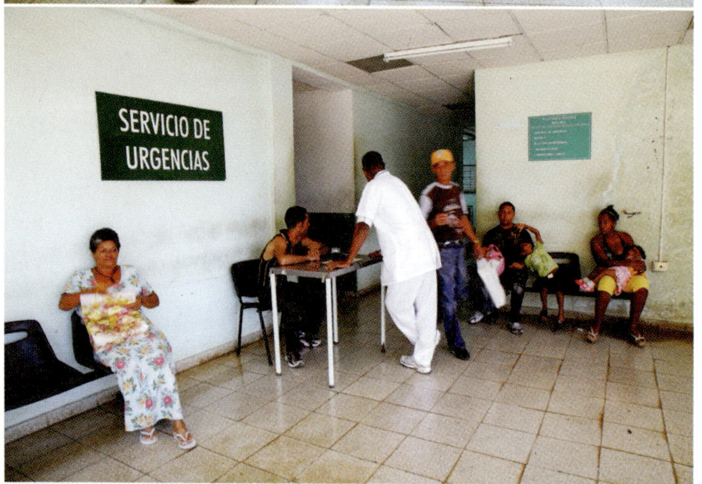

SERVICIO DE
URGENCIAS

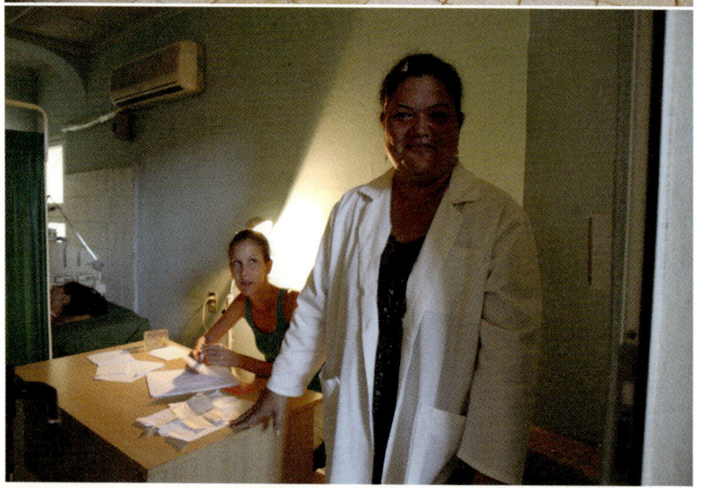

꿩 대신 닭으로 대박이 난 대체의학

아바나를 돌아보고 렌트카를 빌려 아래쪽으로 내려가기로 했는데, 차가 길을 잘못 들어 아바나 시내로 다시 들어오는 사건이 발생했다. 멜라콘이라는 표지판을 다시 만난 것이다.

"왜 여기에 멜라콘이 또 있지?"
"아냐, 어제 시내에서도 지도 끝에 있어야 할 산타클라라가 시내에 표지판이 있더라구, 쿠바의 지명이 완전 헛갈려."

중복된 지명에 대해 완전히 헛갈리기 시작하는데 차가 이상했다. 내려서 확인하니 설상가상으로 바퀴가 펑크난 것이다. 나라가 워낙 길이로만 홀쭉해서 그런지 길 한 번 잘못 꺾었을 뿐인데 차는 도로 제자리로 돌아왔고, 우리는 다시 짐을 챙겨 나왔던 카사로 돌아갈 수밖에 없었다. 다음 날, 지리를 잘 아는 사람과 차를 정비해 줄 사람이 없으면 긴 여행은 무리이겠다 싶어 할 수 없이 부랴부랴 정비사 겸 운전사를 고용하여 정비공장으로 향했다. 우리가 렌트한 차량은 고급차라서 별도의 정비공장을 이용해야 한다고 했고, 차를 고치는 동안 정비공장 앞 병원에서 놀았다. '이런 행운이?'
우리는 체 게베라가 의학을 전공한 의학도였다는 사실과 대체의학의 강국이라는 이유로 '시간이 남으면 쿠바의 의료 시설도 들러 봤으면 좋겠다' 하던 차였으니,
쿠바가 대체의학의 강국이 된 것은 1959년의 혁명의 성공 이후 약 3000명의 의사가 미국으로 망명하여 의료 인력공급에 비상이 걸렸기 때문이다. 그것이 민간요법을 이용한 대체의학의 발달로 이끌고 선풍적인 바람을 일으키게 된 것이다.
의사도 없고, 의약품은 수입 자체가 금지되었기 때문에 허브식물이나 약초를 키워 대체했고, 동양 의술인 침과 뜸을 이용한 민간요법으로도 병을 고쳤다고 한다. 그러기를 50년, 지금은 민간요법의 과학화로 의술을 수출하는 국가로 변한 것이다. 이것이야말로 혁명이 아니고 무엇이랴.
허리케인 때는 미국에 의료 봉사단의 파견을 제의하기에 이르렀는데 부시가 거절했다는 후문이다. 대체의학을 믿을 수가 없어서.

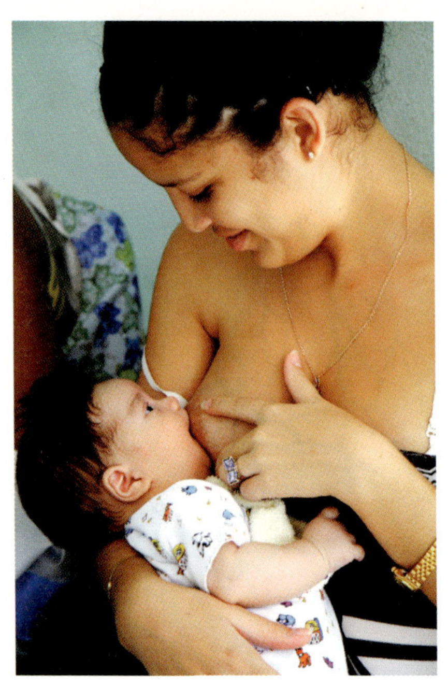

"느이들이 자연의 신비를 통한 치료법을 알아?"

그러면서도 911 테러 때에는 소방관들이 쿠바에 와서 치료를 받았다는 말을 들었는데 분명하지는 않다. 축구 선수 마라도나도 쿠바에서 마약 치료를 받았다는 이야기가 있다.

1950년대 '꿩 대신 닭으로 발전시킨 대체의학'

요즘 우리나라에서도 대체의학 관광이 활발해지고 있다. 오래전, 일본 관광객 중 '때밀이 관광'이란 게 있다더라 하는 말을 들었을 때만 해도 저질 관광이라고 생각했던 적이 있다. 지금 그것은 '피부 경락 마사지'를 위한 미용 관광으로 발전했고, 더불어 침술이나 한의학을 이용한 의료 관광지로 우리나라도 부상하고 있는 중이다.

그런 측면으로 쿠바에서 한 수 배워 와도 좋을 듯 싶다.

연필이 긴 나라가 여기도 있네

교육에 있어서 우리나라 엄마들은 가방끈이 긴 것을 좋아한다면 쿠바는 연필이 긴 것을 좋아하는 것 같다. 엄마들의 치맛바람은 막상막하인 듯하다. 그러다 보니 5살만 되면 아이들은 이 학원 저 학원으로 고달파진다. 우리나라의 경우는 한 술 더 떠서 아이들이 한두 가지로 엄마를 감동시켰다가는 영재학원까지 끌려 다녀야 한다. 여기에서도 예외는 아닌 듯, 학원 앞에서 엄마들이 아이들의 학원 수업이 끝날 때까지 일삼아 기다리는 것을 자주 볼 수 있다. 어머니가 있는 나라, 쿠바도 만만치 않다.

교육은 유치원부터 대학까지 무상교육으로 실시된다. 미국의 반식민지가 된 것이 무지 때문이라고 생각한 피델 카스트로는 전 국민에게 '아는 것이 힘이다'라는 생각으로 교육정책의 칼을 뽑아들었다. 먹을 것을 못 먹어도 배우면 살 수 있다고 이를 갈았던 것이다.

알고 가면 더 많이 보이고, 그럴수록 재미있는 나라. 그만큼 지금까지 가려진 나라였고, 사회주의라는 사실 때문에 우리와는 너무도 먼 나라라고 느꼈지만, 야구나 축구와 같은 스포츠 경기로 인해 우리는 점차 쿠바를 알게 되었다. 쿠바는 야구를 통해 한국을 알게 되었다고 해도 좋을 듯 싶다. 2008년 베이징올림픽 때는 우리나라가 쿠바를 이겨 쿠바를 놀라게 한 적이 있다. 이때 쿠바에서는 한국이 더 많이 알려진 듯하다. 그래서인지 실제로 길거리를 가다가 코레아노라고 하면 야구배트를 휘두르는 시늉을 하고는 한다.

그만큼 쿠바에서 스포츠에 대한 관심은 대단하다. 골목마다 아이들이 야구를 하며 노는 것도 쉽게 볼 수 있다. 매일매일을 춤이 아니면 노래, 노래 아니면 스포츠를 하며 논다. 펄펄 끓는 뜨거운 심장을 다독이는 데 스포츠가 제격이기는 하겠다.

미국을 이길 수 있는 것이 아직까지는 야구밖에 없지만, 언젠가는 세상과 한판 붙자고 맞짱 뜰지도 모르는 일이다. 그것이 연필의 힘이다.

지금은, 연필이 길면 함께 들고 가자고 외치는 쿠바.

시가 한 번 피워 봐도 되나요?

그리고 『안녕, 쿠바』에서 또 하나의 시가를 만났었다. 대부분의 남자들은 시가를 물면서 시가와 쿠바의 지도 모양이 닮았다고 생각한다는 것이다. 시가를 사랑하는 것은 쿠바를 사랑하는 것이라고 생각했을 지도 모를 일이다.

우리나라에 돌아다니는 근사한 체 게바라 사진 중에도 시가를 물고 있는 사진이 대부분이다. 혁명을 하던 내내 체 게바라나 피델 카스트로는 시가를 입에서 떼지 않았다고 한다.

후~욱하는 뽀얀 담배 연기, 그들이 물면 상당히 도전적이다.

사실상 1400년대 콜럼버스가 시가를 유럽에 전하기 이전에 유럽에서는 씹는 담배를 즐겼다고 한다. 그런데 시가가 유행하게 된 것에는 시가를 피우는 불량한 포즈도 한몫하지 않았을까 생각한다. 일단, 시가를 문 모습은 멋있으니까. 도전적인 포스는 매력적이니까.

프랑스에서도 절대 왕정에 도전하는 혁명의 이미지가 맞아 떨어졌던 모양이다. 유재현의 『담배와 설탕 그리고 혁명』에서 보면, 시가를 피우려면 시가의 끝을 커터로 잘라야 하는데 커터의 모양이 프랑스 혁명 때 귀족들의 목을 날리던 기요틴과 닮았다고 해서 시가와 함께 기요틴 커터까지 유행을 했다고 한다.

이만하면 쿠바에 있어서 시가의 이미지는 무엇을 의미하는지 알 수 있다. 시가를 좋아했던 체 게바라, 어쩌면 체 게바라가 시가 대신 담배를 피웠다면 볼리바아로 가지 못했을 거라고 한다. 시가는 피우는 방법이 담배와 다르기 때문이다. 연기를 삼키는 것이 아니라, 연기를 내뿜고 코로만 연기를 즐기는 것이다. 그래서 천식을 앓았던 체 게바라도 즐길 수 있었다는 시가.

그러한 재미있는 이야기가 많은 쿠반 시가, 우리가 처음 묵었던 카사에서 저녁 식사를 마치자 여러 종류의 시가를 내놓았다. 우리도 쿠바까지 왔으니 시가는 피워 보아야 하지 않겠냐고 의견을 모았다.
아니, 여자가 피우는 시가의 폼은 너무 고혹적이지 않겠느냐고, 일행 중 제일 예쁜 친구를 부추기고 사진기를 들이댔다. 그런데 거기까지만 좋았다. 연기를 들이켠 친구가 거의 실신 직전까지 가는 사태가 벌어진 것이다. '모르는 게 약'이 아니라 우리는 시가에 대한 구체적인 정보가 없었던 터라 사람 잡을 뻔 했다.
여행에서 해프닝은 죽어도 못 잊을 추억을 만든다.

가끔은 패튀김이 그립다

쿠바에 가면 클럽마다 어딜 가든지 콤파이 세군도Compay Segundo의 노래를 부르고 이브라힘 페레르Ibrahim Ferrer의 노래를 부른다. 내 친구라는 뜻을 가진 Compay, 그러니까 콤파이 세군도는 '내 친구 세군도'라는 이름으로 쿠바를 대표하는 전설적인 뮤지션이다. 어디서나 그들의 노래를 재현한다.

패러디다. 여기서 패러디의 조건은 노인이어야 할 것, 세군도처럼 유쾌한 표정을 지어야 할 것, 습관적으로 시가를 물어야 할 것, 그런 것들이 있다.

그리하여 그들은 비슷한 외모를 지니면 더 주가가 올라간다. 나훈아는 너훈아가 되고, 패티김은 패튀김이 된다. 그들은 사라졌지만 관광객은 그들의 흔적을 만나고 싶어하고 패러디라도 느끼고 싶어한다. 조용필은 못 만나더라도 조영필은 만나고 싶어한다. 그리고 열광한다. 그리하여 몇 개의 유사 부

에나 비스타 소셜 클럽은 매 공연마다 연일 만원이다. 어쨌거나 클럽은 필수 관광코스의 관광객 전용 클럽이다. 입장료는 우리 돈으로 무려 오만원 정도 되고 저녁을 먹으며 공연을 관람한다.

모든 것은 사라졌고 사람은 떠났다. 떠나기 전 그들의 음악을 만들기 위해 일일이 찾아다닌 음반제작자 라이 쿠더나 영화를 만든 빔 벤더스는 아바나를 관광도시로 만드는 데 대단한 공헌을 한 사람이다. 아니, 경제 부흥에 불을 당겨 준 사람일 것이다. 300만 장에 가까운 음반의 수익금은 누가 가져갔는지 모르지만 말이다. 누구나 쿠바를 가기 전에 보지 않은 사람이 없을 정도로 대성공을 이뤘다.

우리도 물론 쿠바를 여행하기 전 8편의 쿠바 영화를 보았는데 『부에나 비스타 소셜 클럽』은 가기 전에만 두 번을 보았고, 다녀와서 두 번을 더 보았다. 가기 전에는 패티김이 그리워서 보았고 다녀와서는 패튀김이 그리워서 보았다. 그러는 과정에서 콤파이 세군도가 부른 '찬찬CHAN CHAN'이 나를 사로잡았다. 아마도 찬찬은 100번도 넘게 들었을 것이다.

세군도에 대해서, 부에나 비스타 소셜 클럽에 대해서 웹에 있는 모든 자료는 거의 검색되었을 것이다. 네이버, 다음, 구글. 영어로 한글로, 그러는 과정에서 누군가가 애지중지하며 섭렵한 세군도의 자료도 있을지 모르겠다.

고맙고 죄송하다. 그러나 내가 세군도를 사랑할 수 있게 해 주어 무한히 기쁘다.

클럽에서 나와 자주 눈을 마주쳤던,

사진을 잘 찍어 달라는 듯한 시선을 자꾸만 보내던 할아버지를 기억하며, 오래 그리워할 것이다.

콤파이 세군도는 죽어서도 노래를 부른다

클럽에서 콤파이 세군도의 뒷모습을 보았다.

부에나 비스타 소셜 클럽이라는 영화가 알려지기 전까지 쿠바가 멀고 먼 나라였던 것처럼 세군도 또한 부에나 비스타 소셜 클럽을 보기 전에는 알지도 못했던 가수였다.

세군도는 어린 나이에 쿠바의 전통악기를 다루기 시작했고 클라리넷을 불었고 음악 동지들끼리 보컬그룹 활동을 시작하였다고 하니 음악적 재능은 어릴 적부터 탄탄히 키운 진정한 뮤지션이라 하겠다. 잘나갈 때는 쿠바 음악인의 산실이던 부에나 비스타 소셜 클럽에서 정기공연도 하면서 청춘을 음악 속에 보냈다고 한다.

그러다가 쿠바가 혁명에 성공하고 음악의 주류가 포크로 바뀌면서 클럽은 자연스럽게 문을 닫게 되었고, 세군도는 다시 담배 공장에서 노동자로 20년

을 근무했었다는데 그 시절 쿠바의 현실을
말해 주는 듯하다.

그러나 그에게도 말년을 음악과 함께 보낼
수 있게 해 줄 획기적인 일이 일어났다. 영
국의 라이 쿠더라는 음악 기획자가 한참 잘
나가던 부에나 소셜 클럽의 가수들을 모아
'더 베스트 인 라이프The Best in Life'라는
음반을 제작하기 위해 쿠바를 방문했다. 그
들을 찾아다니는 과정에서부터 공연까지가
『부에나 비스타 소셜 클럽』이라는 영화의 줄
거리이다. 그리고 '더 베스트 인 라이프'에
이어 '부에나 비스타 소셜 클럽' 이라는 음반을 만든다.

음악을 하는 사람이 죽어라고 음악만 하다 죽을 수 있다면 그건 신나는 인생
이다. 실제로 라이 쿠더 기획자가 천재라고 칭찬한 동료 이브라힘 페레르도
부에나 소셜 클럽 일을 그만두고 구두를 닦는 일과 복권을 파는 일로 소일하
던 말년, 라이 쿠더를 만나 '치자꽃 향기' 같은 명곡을 남기며 신나게 살았다.

"치자꽃 두 송이를 그대에게 줍니다. 사랑한다 말하고 싶어서 내 사랑, 이 꽃
은 당신과 나의 심장이 될 겁니다."

이브라힘 페레르의 '치자꽃 향기' 중에서

어쨌거나 부에나 비스타 소셜 클럽의 제일 수장격인 콤파이 세군도는 찬찬
과 같은 쿠바의 명곡을 남기면서 스타덤에 올랐으며 90세에 그레미상까지
수상하였다. 영화를 보면 그는 얼마나 자유스러운 사고를 가진 뮤지션인지
를 알게 한다.

시가를 물고 유쾌하게 웃는 할아버지, 세군도. 영화에서 라이 쿠더에게 그
는 음악으로 충만한 즉흥 연주를 보여 준다. 영화의 시작으로 공연 무대와
라이 쿠더가 그들을 찾아나가는 모습을 중복해서 보여 주는데, 찬찬의 가사
를 보면

"알토세드로에서 마르카네로 간다
네, 쿠에토를 거쳐 마야리로 가야지."

라는 가사를 반복해서 부르는 장면으
로 시작된다.
노랫말은 그가 사랑하는 여인을 찾아
떠난다는 줄거리의 자작곡이라는데
어디론가 그녀를 찾아 하염없이 떠난
다는 세군도의 꿈을 노래로 부른 것만 같다. 말년에 부르는 그의 노래는 자
꾸 듣다 보면 슬프다. 노래를 부르며 웃는 그의 모습을 보면 더 슬프다. 모든
시간이 덧없이 지나갔기에 슬픈 건지도 모르겠다.
사랑 없이는 못 사는 할아버지들, 얼마나 낭만이 있는가.

세군도가 95세로 세상을 떠났다는 뉴스를 본 적이 있다. 그는 젊은 여인과
함께 있다가 세상을 떠났다. 그가 90살에도 아이를 낳을 수 있을 만큼 끄떡
없다고 호언장담했다는데, 그는 연애 지상주의 이론을 끝까지 실천하다 죽
었다.
말년에 살고 싶은 대로 살다 죽은 세군도, 죽음도 멋지다. 나이든 노인네가
주책이라는 생각보다 먼저, 그렇게 90살이 넘어서도 사랑을 노래하고 꿈을
꾼 그의 인생이 아름답다.

그의 인터뷰 중에

"찬찬은 작곡을 한 것이 아니라 꿈을 꾼 거야.
꿈을 꾸고 잠을 깨면 멜로디가 남지"

라는 너무도 인상적인 말이 생각난다.
그의 인생도 꿈을 꾼 것은 아니었을까.

Hasta Siempre Comandante
체 게바라여, 영원하라

Aprendimos a quererte desde la historica altura donde el Sol de tu bravura le puso un cerco a la muerte.
우리는 당신의 용기가 죽음을 멈칫하게 만든 그 역사적 순간부터 당신을 흠모한다는 것이 무엇인지 배웠습니다.

Aqui se queda la clara, la entranable transparencia, de tu querida presencia Comandante Che Guevara.
우리의 지도자 체 게바라여! 여기 당신의 존재가 갖는 선명하고 깊은 투명성이 남아 있습니다.

Tu mano gloriosa y fuerte sobre la Historia dispara cuando todo Santa Clara se despierta para verte.
당신의 강하고 역사 속에서 승리를 장담하는 손은 산타클라라 계곡이 당신을 만나기 위해 깨어난 그 순간에 더욱 빛납니다.

Aqui se queda la clara, la entranable transparencia, de tu querida presencia Comandante Che Guevara.
우리의 지도자 체 게바라여! 여기 당신의 존재가 갖는 선명하고 심오한 투명성이 남아 있습니다.

Vienes quemando la brisa con soles de primavera para plantar la bandera con la luz de tu sonrisa.
당신의 웃음이 빛나는 깃발을 꽂기 위하여 당신은 봄날의 햇살로 산들바람을 태우며 옵니다.

Aqui se queda la clara, la entranable transparencia, de tu querida presencia Comandante Che Guevara.
우리의 지도자 체 게바라여! 여기 당신의 존재가 갖는 선명하고 깊은 투명함이 남아 있습니다.

Tu amor revolucionario te conduce a nueva empresa donde esperan la firmeza de tu brazo libertario.
당신의 혁명에 대한 사랑으로 인해 당신의 너무나도 단단한 해방의 가슴은 당신을 기다리는 새로운 세계로 향합니다.

Aqui se queda la clara, la entranable transparencia, de tu querida presencia Comandante Che Guevara.
우리의 지도자 체 게바라여! 여기 당신의 존재가 갖는 선명하고 깊은 투명함이 남아 있습니다.

Seguiremos adelante como junto a ti seguimos y con Fidel te decimos: hasta siempre Comandante.
당신과 함께인 듯 우리는 여기서 전진합니다. 피델과 함께 당신에게 선언합니다. 영원히 당신은 우리들의 지도자라고.

Aqui se queda la clara, la entranable transparencia, de tu querida presencia Comandante Che Guevara.
우리의 지도자 체 게바라여! 여기 당신의 존재가 갖는 선명하고 깊은 선명함이 남아 있습니다.

영화 같은 풍경이 영화의 좋은 소재가 된다

차를 타고 달리다가 이런 장면은 심심치 않게 만난다. 언젠가 본 영화『관타
나모로 가는 길』에서 본 담장이다. 높은 담장이 주는 이미지는 비밀스럽다.
그 안의 알 수 없는 세상 그리고 음모, 대략 그런 상상이 영화와 중첩된다.
『관타나모로 가는 길』에서는 파키스탄계의 영국 청년 네 명이 친구의 결혼
을 위해 파키스탄으로 향하다가 시간이 남아 아프가니스탄에 들르게 된다.
그때 마침 폭격을 맞고 아수라장이 된 상태에서 어쩌다가 탈레반 본거지에
서 연합군에게 잡히게 된다. 잡힌 이들은 이유 없이 관타나모로 끌려가게 된
다는 기막힌 이야기이다. 단지 파키스탄 2세라는 이유 때문에 아무리 영국
국적을 호소해 보아도 소용없었다. 생김이 중동스러워서 그랬다고 하기에
는 어이가 없다. 소재가 지극히 영화답다. 그러나 그런 영화 같은 일은 이 세
상 어디에서나 종종 벌어지며, 우리나라에서도 여러 번 있었다.
'영동 노근리 사건' 처럼.

해방이 임박해 지면서 밀리고 밀리면서 퇴각하던 북한의 무장 인민군들은 평범한 평민복을 입고 미군을 와해시키기 시작했다. 미군은 인민군을 색출해야 했다. 그러나 생김이 비슷하게 닮은 인민군과 남한 사람을 구분한다는 것이 미군들에게는 쉽지 않은 일이었을 것이다.

미군들은 동네 주민들에게 피난을 가야 한다고 트럭에 타라고 종용하였고, 저녁 무렵, 철굴 다리 아래에 밀어 넣고 총을 난사했다.

생김이 너무 닮아서 북한 사람을 색출할 수 없다는 이유로, 모두 함께 보낸 것이다. 많은 영화에서나 현실에서나 미국의 잔인성은 인간의 한계를 보여 준다. 어느 나라가 칼자루를 잡았느냐에 따라 전쟁의 해석도 달라진다.

그럴 때 죽음은 적당히 합리화되고 미화된다. 미국이 만든 영화일수록 더 그렇다. 어디까지가 삶이고 어디까지가 죽음인지, 영화가 보여 주는 죽음은 때때로 정당화되기도 한다. 그러다 보니 영화가 흥행할수록 죽음이 사소해지는 슬픔을 낳는다. 슬픈 현실이며, 쿠바는 아직 그 소용돌이 속에 있다고 해도 과언이 아니다.

그럼에도 불구하고 천진한 쿠바노, 순수한 쿠바노, 우리가 여행 중에 만났던 쿠바노는 역사의 주인공이 아니라 무대를 지나가는 행인 1이나 2쯤인 사람들이다.

그들을 지나가게 그냥 두어야 할 것이다.
발을 걸어 넘어뜨리면 정말 나쁜 놈들이다.

DEFENDIEND
SOCIALISMO

기도할 아버지가 많은 나라

맨처음 우리나라에 불교가 들어올 때, 또 기독교가 들어올 때 핍박받으며 많은 희생이 있었다. 불교는 타협점으로 경내에 삼신각을 둘 수 있도록 하기도 하였다. 여기도 다르지 않아 1492년 신대륙인 줄 알고 찾아온 콜럼버스는 쿠바에게 칼과 성경을 들이밀었다 한다. 선택의 여지가 없는, '맞고 죽을래, 죽고 맞을래?' 식의 무지막지한 방법을 동원하였다. 여기서도 우리나라의 삼신각 같은 기독교와 토착종교인 산테리아교가 생겨났단다.

여기서는 타협의 방법으로 '성부와 성자와 성신으로 하나님께 기도하오니, 우리의 정령님이시여 들어 주소서'라고 기도했다는데 체 게바라가 살던 미에시엔타에서 기도처를 본 적이 있다.

집집마다 자신들이 모시는 신을 현관 쪽에 두고 자신들의 방식으로 제를 올린다. 어떤 이는 노래로, 어떤 이는 춤으로, 제사를 지내는 날은 대부분의 집에서 작은 축제를 벌인다. 이처럼 축제의 기원을 살펴보면 모두 종교행사와 맞닿아 있다. 그리하여 페스타, 페스티벌, 카니발, 마츠리, 축제 등으로 종교행사에 따라 조금씩 의미를 달리하는데 쿠바에서는 무어라 부르는지 알지 못했다.

우리를 안내하던 선교사 후배는 지금 쿠바에 기독교를 전파하기 위해 애쓰고 있으나 원칙적으로 정부의 종교적 지원이 전혀 없으며 선교를 위한 체류는 허락지 않는다고 한다. 어쨌거나 여러 인종이 섞이고 여러 종교가 혼재하면서 당연히 다양한 문화가 생겨났을 것이다.

쿠바는 '기도해야 할 아버지가 참 많은 나라'이다.

JESUCRISTO AYER. HOY Y SIEMPRE
HA RESUCITADO
PARA QUE CADA UNO
RESUCITEMOS
DIARIAMENTE

턱수염에 필 꽂히다

아네스 바르다는 1963년, '5시에서 7시 사이의 클레오'라는 영화를 마치고 다음 해에 『안녕, 쿠바』라는 다큐영화를 만들었다. 프랑스 여성으로 지금은 영화감독이지만 본래 사진작가로 출발하였다는 사실이 구미를 당기게 했다. 사진하는 사람으로서 그녀가 사진작가였다는 사실이 제일 구미가 당긴 건 당연한 일이었겠지만, 1960년대에 찍은 쿠바는 어떠했는지, 그녀의 카메라 워크는 어떠했는지, 사진을 통해 쿠바를 어떻게 보았으며 어떻게 말하고 싶었는지 대단히 흥미로웠다. 이 영화만 대략 네댓 번은 보았던 것 같다. 그리고 그녀가 보았던 시각으로 쿠바를 보고 싶었던 것도 사실이다.

"1963년 1월 나는 쿠바에 와 있다."라는 내레이션과 함께 쿠바를 제대로 보여 주기로 작정한 영화였다. 그녀가 찍은 쿠바 사진은 '쿠바 혁명 10주년, 사진 전시회'라는 이름으로 파리 셍제르멩데프레에서 전시되었는데, 커다란 올드 카메라의 워크 장면이 등장하며 전시장을 취재하는 것으로 영화의 첫 장면이 시작된다. 쿠바를 상징하는 올드카에 버금가는 올드 카메라는 쿠바를 말하는 데 잘 어울렸다.

그중 관심이 있었던 것이 턱수염을 통해 쿠바를 보았다는 것이다. 그러나 50년이 지난 지금의 쿠바에 턱수염은 이미 사라졌다. 그러나 용케 단 한 번 턱수염을 만났다.

쿠바에서 아그네스 바르다는 왜 턱수염에 필이 꽂혔을까?

그 시절 피델 카스트로를 비롯하여 너무도 많은 사람들이 턱수염을 기르고 있었는데, 혁명을 이룰 때까지 수염을 깎지 말자는 무언의 약속이었단다. 그녀는 남자들의 턱수염을 혁명을 위한 '반란의 턱수염'이라고 명명하였다.

반란의 턱수염, 예술가의 턱수염 또는 관리인의 턱수염으로 설명하면서 또한 솜사탕으로도 비유하였다. 그도 그럴 것이 솜사탕은 설탕으로 만들고, 쿠바는 설탕의 원료인 사탕수수의 나라였으므로.

그러나 50년이 지나 혁명을 이룬 쿠바에서 이제 턱수염은 전설이 되었다. 그런데 턱수염 할아버지를 만났다는 것은 쿠바를 제대로 만난 것이라고 생각하였다. 그것도 솜사탕을 꼭 닮은 턱수염,

우리는 그렇게 사진에 필이 꽂혔다.

뒷모습에도 표정이 있다

사진에 있어서의 '전면성'을 생각한다. 전면성은 심리적인 현상이며 관객이나 모델과의 관계를 말한다는 것이다. 어쨌거나 뒷모습을 찍는 일은 일방적이다.

그렇다면 앞모습을 찍는 것과 일방적으로 뒷모습을 찍는 일, 어느 것이 더 공격적일까?

흔히, 뒷모습에도 표정이 있다는 말을 한다. 뒷모습이 보여 주는 전면성이 더 적나라하게 들어나기 때문이다. 여행에 있어서 남의 뒤통수를 찍는 일이 심리적으로 편한 것은 사실이지만, 반대로 뒤통수로 상대방의 표정을 읽는 일은 쉽지 않다.

앞모습으로도 다 읽지 못하는 쿠바,

언어소통이 불가능할 때, 촬영을 허락하지 않을 때, 뒷모습으로도 충분히 통할 때,

이렇게 읽을 수 있는 뒷모습에서 충분한 쿠바의 '전면성'을 본다.

훔쳐본 짐짝 같은 인생에서 그들의 전면성을 본다.

델마와 루이스처럼 용감하게 쿠바를 누비다

1991년에 만든 여성영화로 로드 무비라고도 하고 버디 무비라고도 하는 '델마와 루이스'라는 영화를 본적이 있다. 버디 무비라고 함은 둘이 주인공이 되어 함께 짝을 이루어 이야기를 이끄는 영화인데, 우리 자매는 로드 무비를 찍듯이 또 버디 무비를 찍듯이 여행을 떠나면 근사하리만치 죽이 잘 맞는 편이었다.

형제간에도 대화에 간이 맞는 형제가 있다. 그래서 함께 여행하는 것을 좋아하는 것인지도 모르겠다. 우리는 시시콜콜한 것에서도 눈이 빛나거나 흘리는 말끝에서도 상대방을 읽어내기도 한다.

"나도 그래, 나도 깨어 있음을 느껴(Me too, I feel awake)."

영화 중에 델마의 대사이다. 함께 여행하며 우리도 수시로 교감했다.

"언니, 델마와 루이스란 영화 봤어?"
"엉, 봤지."
"1966년산 선더버드라는 올드카 색깔 죽이지?"

죽이는 색깔의 올드카를 타고 델마와 루이스는 죽음을 향해 달렸었다.

"우리는 단지 즐거운 여행을 하려고 한 것뿐인데."

여행길에서 만난 우연치 않은 사고가 결국은 델마와 루이스의 인생을 유타주 그린리버로 날아가게 했다. 영화를 본 많은 사람들은 그 장면을 계곡으로 꼴아박은 것이 아니라 날아간 것이라고 표현한다. 그럴 때는 죽음도 멋있다. 그래서인지 영화는 성공했다. 나는 여행 중에 종종 하늘색 빛바랜 선더버드를 생각했다. 어쩌면 꼴아박아도 좋을 만큼의 대단한 여행을 동경한 것인지도 모른다.
어차피 인생이 여행이니까. 영화는 영화라서,
그러나 우리에게는 그와 비슷한 극적인 상황은 오지 않았다.

사실상 사진에 욕심을 부리고 사진가 작업실에 무작정 들어간 적도 있었고, 실크 스크린 작업을 구경하러 간 적이 있었다. 그러나 지금 생각해도 위험천만한 일이었다거나 하는 그런 생각은 하지 않는다. 여행에서는 영화에서처럼 숱한 상황이 만들어지기는 하지만 실제로 영화만큼 극적인 불운의 상황은 거의 오지 않는다.
수많은 우연이 인연이 될지, 사건이 될지 아무도 모르지만, 여행에서 만난 사람은 대부분 내게 은인이었다. 아직까지, 우리가 본 쿠바는 착했다.

이야깃거리가 많은 사진이 좋다

뭘 찍은 거지?

뭘 말하려는 거지?

그렇지만 여행을 다녀온 후에는 슬슬 이런 사진이 좋아진다. 한 장의 사진 속에 숱한 이야기가 있기 때문이다.

쿠바에서 돌아오기 하루 전날 우리 일행은 잠시 의견이 엇갈렸다. 누구는 계획해 놓고 가보지 못한 세멘테리오콜론에 가보고 싶어 하고, 우리는 여행에 동참했던 코스타리카 친구가 마음을 붙이고 사는 산티아고의 신학교를 방문해 보고 싶어 했다. 마지막에는 '그럼 각자 원하는 대로 하자' 결정을 내리고 한 사람은 묘지로, 한 사람은 시내로, 우리는 산티아고로 가는 차편으로 목사님 내외 분과 합류하였다. 아바나에서 출발하여 가는 데 4~5시간이 걸린다니 돌아온 것을 생각하면 온종일 걸린 셈이다. 목사님 내외도 일이 있어서 가는 것이 아니라 가는 차편이 있으니까 아까워서 가는 것이다.

쿠바에서는 여행이 자유롭지 않다. 누가 막아서가 아니라 경비 때문이다. 하루를 여행하기 위해 한 달 치 월급을 모두 써버릴 수 없기 때문이다.

일행은 모두 8명, 그럭저럭 봉고차 한 대가 찼다. 가다가 커피농장도 들르고 쿠바에서는 경제적으로 여유 있는 사람만이 간다는 유원지에도 들러 점심

을 먹었다. 점심으로 닭고기와 돼지고기, 스테이크 비슷한 구이요리를 먹었다. 한 끼 점심으로 양이 많았다. 일행 중에 교수님 한 분이 계셨는데 식사를 마치자 우리에게 다 먹었냐고, 다 먹었으면 남은 음식을 달라고 하시더니 냅킨으로 남은 고기를 잘 싸는 것이다.

아, 그렇구나, 우리가 좀 덜 먹을 껄, 남기는 것이 미안해서 억지로 많이 먹은 터였다. 이런 외식도 일 년에 한 번 있을까 말까 하는 호사라니 떠나는 날 받아 놓고 쿠바를 실감했다.

돌아올 때, 차를 하나 대절했다. 올드카도 한 번 타보라는 배려로 코스타리카 후배는 일부러 빨간색의 차를 지목했다. 빨간 올드카, 낭만적이라고 환호성을 질렀다.

여행 내내 겉보기에 멋있다고 올드카를 찍었던 터였다. 그러나 4시간 이상 올드카를 탄다는 것은 달콤한 여행만은 아니었다.

산티아고에서 출발 전에 운전을 맡아 준 사람은 어느 민가를 들러 한 사람을 더 태웠다. 아, 이 사람도 자리가 한 자리 남으니 아까워서 그러나보다 그랬는데 아니,

이 사람은 정비사였다. 먼 길을 가는 동안 차가 말썽을 부리면 고쳐 줄 수 있는 사람을 태운 것이다. 우리가 트리니다드에 갈 때 정비사를 기사로 고용했던 것처럼.

출발하자마자 나는 얼마 안 가서 사고를 쳤다. 사진을 찍을 욕심에 창문을 연 것이다. 돌릴 때마다 삐걱거리며 창문이 내려갔다. 그러나 창문은 요지부동 거기까지였다. 다시 올리려니 돌리는 고리는 힘없이 툭 빠졌고, 더 이상 창문은 올라오지 않았다. 결국은 차를 세우고 창문을 손으로 올리는 사태가 벌어졌다.

역시 올드카다웠다.

올 때는 중간중간 경찰을 만났다. 그때마다 우리는 카메라를 숨기고 머리를 숨겨야 했다. 허가받지 않은 영업이었다. 이것이 우리가 여행하는 동안 틈틈이 경험했던 검은 경제였다. 한 번 아바나를 다녀오면 보름치 월급이 고스란히 생긴다니 이 날 우리는 이들에게 신나는 고객이었다.

어둑어둑 저녁이 되어서야 아바나 시내에 우리를 내려 놓았다. 그리고 빨간 올드카는 부릉~ 매연을 뿜으며 돌아섰다. 그러나 또다시, 떠나는 올드카는 여전히 멋져 보였다. 역시 올드카는 멀리서 볼 때만 멋지다.

정비사로 함께 탔던 이는 삼성 휴대폰을 가진 젊은 남자였는데 휴대폰을 아주 자랑스러워 했었다. 아이들을 동영상으로 찍어 저장해 놓고 우리에게 보여 주는데, 얼마나 귀엽던지.
발 빠른 젊은이들은 위험을 조금 감수하더라도 검은 경제를 통해 돈 벌기를 원한다. 잘 산다는 것의 기준이 점점 자본주의로 가고 있어서 조금은 안쓰럽기도 했던 추억을 지닌 문고리가 문득 마음을 당긴다.

이런 구구절절한 이야기 늘어놓지 않으면 누가 아나, 저 사진을 좋다고 하겠는가.
그래도 이런 사진이 좋다. 이야깃거리가 많아서. 고구마줄기처럼 하나를 뽑으면 주루룩 이야기가 딸려 나온다.

11. 그리움에게 보내는 엽서
―안이에게

가끔씩 그리움에게 말을 걸고 싶어지네

누구는 피델 카스트로를 더 좋아해

쿠바에 오면 누구나 체 게바라만 좋아하는 줄 알았지,
누구는 호세 마르티를 좋아하고
누구는 피델 카스트로를 좋아하더라구,
사람이 사람을 좋아하는 것은 단지 취향이야.
너는 누가 더 좋은데?

그 눈빛으로 따라오는데

보색이 더 잘 어울리는 쿠바의 색감들이었어.
아빠의 가슴에 기대어 있다가
낯선 이의 길 물음에 포옹을 푸는데,

초록에서 떨어져 나온 빨강이
동동 떠서 나를 따라오는 거야.

현이 열여섯쯤 되던 해,
하숙집에 떼어 놓고 나오던 발걸음으로
그 눈빛이 따라오는데,

내내 말을 삼키던 딸의 눈이 그렁거렸어.

아버지와 종달새

이 세상에 노래라면 종달새 노래가 제일 좋다는
아버지는 새를 좋아하셨다.
봄이면 둥지 사냥을 다녔다.
어미 새의 외출을 틈타 둥지에 있는 어린 새,
업어 왔어.
어미 새가 되어 종달종달 노래 잘 부를 때까지
우리 6남매보다 더 애지중지하시던 아버지.

때가 되면 슬며시 슬쩍 새장 문을 열어 놓았어.
외출했다가 돌아오면 좋고.

한동안 종달새 잡으러
한동안은 물고기 잡으러 다니던 봄날들,

물고기 잡아다가 정성스럽게 말리고 빻아서 먹이로 주는데
말리는 것은 주로 나의 일이었어.
은근히 번거롭고 귀찮아진 나는 연탄 아궁이 근처에 쉽게 말리려다
물고기를 다 태워 먹은 거야.

나머지는 상상에 맡기겠어.

쿠바의 여인

아바나를 떠나오던 날 오전
광장에서 너를 잃어버리고 멜라콘 부둣가에서 그림 파는 가게가 한 번 더
보고 싶어서 발길을 돌리는데
노란 드레스에 요란한 장식을 한 여인과 눈이 마주쳤어.
눈은 깊고 지쳐 보이더라구

내 카메라를 보자, 말이 필요 없다는 듯 검지를 펴서 들어 보이더라구
포즈를 취하며 웃는데 어찌나 웃음이 엷은지 슬퍼 보이기까지 하는 거야.
그저 피우는 시늉만 하는 소품용일 뿐인 긴 시가.
찍어야 하나 말아야 하나 망설이는데 이미 시가를 입에 물고 포즈를 취하는
거야.

근대 초 우리나라
머리에 물동이를 이고 젖통이 반은 내놓은 채 미군이나 선교사에 의해 찍혔
다가 세월이 바뀌었다고 다시 돌아오는 우리들의 서글픈 사진을 생각했어.

다시 찍어야 하나 말아야 하나 망설이게 하는 물동이 여인의 나이쯤 되는
그녀, 직업은 모델. 급수로 친다면 3류 모델쯤이겠지.
그녀와 찍은 기념사진은 관광객에 의해 얼마나 많이 각국으로 흘러갔을까?
얼마를 세금으로 거둬 가고 얼마를 그녀가 가져가는지 알 수 없지만
나라의 경제를 담당하는 모델이라고 한다면 그녀는 일급 모델이라고 불러
줘야 하지 않을까.

그런 측면으로 쿠바를 대표하는 직업에 충실한 모델이야.
이름이라도 물어볼 걸.

토마토에 대한 단상

왜 토마토를 설익은 채 따는지

왜 햇볕으로 익히는지

너는 아니?

물론 나무에서 충분히 익어 따야만

토마토든 참외든

충분히 맛이 들어 흡족해지지.

먹어 보지 않은 사람은 모르겠지만,

그러나 저장성이 얼마나 짧은지

하루 혹은 한나절만 지나면 맛이 가고 말지.

가기 직전의 맛. 그 맛이 최상이야.

알지만, 잘 알지만 농부들은 적당한 수확기를 알아.

덜 익힌 채 따서 던져 놓아도

햇볕에 뒹굴뒹굴 즈이들끼리 익어 간다는 걸

더 단단하게 버티며 온전하게 햇볕으로 세상 것이 된다는 걸

설익은 토마토에 사진기를 들이대니

쿠바 아저씨가 잘 익은 토마토 박스를 슬쩍 발로 내게 밀더라구

아니, 그러거나 말거나 나는 설익은 토마토가 좋았어.

단단하게 익어 가던 우리의 청춘의 한 때, 그리웠거든.

사랑도 수확기를 놓치면 쉽게 곯아 터진다는 걸

곯아 버린 토마토 맛 같은

뒤늦게 알게 된 한참 든 나이

토마토를 보고야 깨닫네.

엄마와 재봉틀

"엄마는 꽃 가라를 좋아하셨어."

멜라콘 뒷골목에서

빛으로 모든 사물이 드러나지만
때로는 빛으로 인해 모든 사물이 가려진다는 걸
부신 햇빛에 눈 감아 보면 알 수 있지.

눈부신 청춘의 한 때,
그때 종종 눈이라도 감을 걸
실명하도록 둔 그 사랑을
이제서야 눈 감고도 드러나는 그 사랑을 위해,

아쉬워하며
멜라콘의 뒷골목에서 오래 서성였었어.

지나간 시간의 골목

기억에서 밀려나 있는 줄 알았는데
문득 쿠바의 어느 후미진 골목에서
지나간 시간의 발자국 소리를 듣는다.
골목은 때때로 수선스러웠었다.
엄마와 함께 종종 잃어버린 막내를 부르고 다녔었다.

"와니~ 야~."

추억의 골목은 언제나 알록달록하다.
어둠 끝 주홍색,
연두색쯤에서 추억이 떨어져 나왔다.

더욱 올드하게 사랑하기를 원해.
사랑에서 방식을 택해야 한다면 나도 미지근한 걸 원해야겠어.
아주 느리고 느긋하게
용서하고 화해하고 아무 일 없었다는 듯
조이고 다시 묶어 천갈이 하고
새 의자처럼 앉아서 한가롭게 책이나 읽었으면 좋겠어.
그야 물론 다소 삐걱거리기는 하겠지.

적당히 감수하면서.

새, 다시 날다

아침에 눈을 뜨는 이유는
'오늘도 나에게 이제까지 없었던
새로운 일들이 수없이 일어나겠지'라던
친구가 있었지.

그러던 그 친구 허구한 날
두문불출 나무만 깎았어.
하루는 새를 만들고
하루는 물고기 같은 걸 만들고
새가 되고 싶은 걸까?

그러나 무슨 일인지
날지 못하는 새, 날개 없는 새를 만들어.
어느 날
그가 만든 새 한 마리 얻어 왔네.

공중에 매달아 놓았더니
바람결에 흔들리는데
신기하게 빙 돌면서 날더라구.

이제까지 없었던 새로운 일들이
내게 일어나기 시작한 거야.
그런
새 한 마리 타고 날던 아침.
날 날게 하려고 친구는
새를 깎았던 거야.

날개 죽지에 적혔던
'새, 다시 날다'라는 글귀,
이국에서의 선명한 울림을 들었네.
이제 내가 다시 날기 시작했네.

오래 기억할거야 그 순간

달리는 차 안에서 사진을 찍는 일은 흡사 저격수 같아야 해.
시선과 인식의 순간 이동이 민첩해야 하기 때문이야.
화면에 있어 사물의 배치, 무게 중심, 색의 분할, 측광 방식이
동시에 머리에서 계산되거든.

가끔 우연히 얻은 사진이라고 말들을 해.
우연이라는 요소는 사진에 있어 큰 매력이겠지만,
사진의 특성 중 절대 무시될 수 없는 부분이기도 하지.
느닷없이 내 인생에 끼어든 인연이 소중한 것처럼,
그리하여 이렇게 남겨진 엉성한 사진에도 매력을 느끼게 되지.

그 순간의 모든 상황을 기억하게 하므로,
순간을 쏘았는데 추억으로 명중됨을 느끼네.
그 순간 돌아보다 마주친 사내의 낯선 눈빛,
오래 기억할거야.

무엇을 보려고 하는가.

마음은 생각을 쫓아간다.
생각은 감정을 들고 일어선다.
모든 감정이 일어났다가 사라진다.

내 감정으로 너를 일으켜 세우기까지
걸리는 시간,

사진은 때로는 면벽 수행이다.
쿠바에서 벽은 그러기에 참으로 적당하다.
때때로 벽과 놀았다.

12. 그림 같은 쿠바,
쿠바 같은 그림

색을 입고 도시가 룸바를 추기 시작했다

Cristo

—¿Quién se esconde en el rocío?
—El Güije-del-río.
—¿Quién se esconde en la corriente?
—El Güije-sin-Diente.

El Güije de frente
El Güije al revés
El Güije de espalda
El Güije otra vez.

¿Quién camina de este lado?
—El Güije-Callado.
—¿Quién camina de este otro?
—El Güije-Alboroto.

Al Güije lo botó,
el Güije voló,
el Güije se ha roto,
¡el Güije soy yo!

감히 끼어들 수 없는 공간이 있다.

함께하지 않았던 시간이 있기 때문이다.

오롯한 그들만의 공간,

그곳에 쿠바가 숨어 있었다.

온전한 공간, 온전한 시간.

그럴 때는 그냥 훔쳐보기로 한다.

13. 공간에 숨어들다

넓이에 들었더니 깊이가 살고 있었네

Epilogue

많은 사람들이 쿠바에 갈 때 50~60년대 혁명의 틀을 생각하고 떠난다. 우리도 다르지 않았다. 그곳에 가면 체 게바라 식의 혁명이 있을 거라고 믿었다. 그러나 그런 혁명은 없었다. 단지 지금 쿠바는 50년대 혁명을 바탕으로 21세기의 혁명을 하고 있었다. 혁명의 방법이 바뀐 것이다. 관광 콘텐츠가 되어 버린 혁명으로 인해 적잖이 진통을 겪으면서.

그리하여 우리는 돌아와 출발 전에 관심사였던 혁명이라는 단어에 대해서 더 이상 말하지 않았다. 쿠바는 값비싼 죽음의 대가를 치렀다. 반면에 우리는 아무것도 지불하지 않고 혁명을 꿈꾸었으니, 얼마나 낭만적인 단어였던가. 철부지 같은 마음이다.

어느 나라건 문화가 강한 나라는 살아남는다는 것이 나의 지론이다. 이런 측면으로 보면 쿠바는 살아남을 수밖에 없는 충분한 잠재력을 가지고 있는 나라라는 것을 알았다. 카리브 해의 따스한 햇빛이 비치고 스페인과 미국의 침탈 속에 적당히 숙성된 아프리카 문화가 쿠바의 문화다. 음악, 미술, 춤, 어느 것 하나 빠지는 것이 없다. 슬퍼서 노래를 부르건, 잊기 위해 춤을 추건, 그것은 그들을 만들어 가는 힘이다.

그러다 보니 너무 많은 관심사로 인해 사진에 대한 욕심이 늘어났다. 그만큼 쿠바는 말할 것이 많다. 그러나 여행정보에 가까운 불편한 진실에 대해서는 덮기로 했다. 즐겁고 좋은 기억으로 쿠바를 오래 안아 주고 싶으니까. 토닥토닥, 사랑은 그런 거니까.

혁명이 아름다운 건 청춘이기 때문이다. 반란이 있는 청춘이 부럽고 혁명을 꿈꿀 수 있는 나이가 좋다. 내게도 그런 나이가 있었으니까.

이번 촬영에서 우리를 안내해 준 순심 씨 덕분에 쿠바사람들과 소통하는 데에도 많은 도움이 되었음에 감사한다. 그리고 동지로서 유럽에 이어 쿠바까지 함께 함께 할 수 있었던 서남규 선생님, 양인숙 선생님과의 즐거운 추억에도 감사한다. 많은 신세를 졌으며 고개 숙여 감사의 마음을 전한다.

여기 실린 사진은 동생 김안식의 사진과 언니 김혜식의 사진이며 언니가 정리하여 글을 적었다